U0193182

袁越 著

生命八卦

世间可有长寿药

生活·讀書·新知 三联书店

图书在版编目（CIP）数据

生命八卦．世间可有长寿药／袁越著．—北京：生活·读书·新知三联书店，2021.6
（三联生活周刊·中读文丛）
ISBN 978－7－108－07134－7

Ⅰ．①生…　Ⅱ．①袁…　Ⅲ．①生命科学－普及读物
Ⅳ．①Q1-0

中国版本图书馆 CIP 数据核字（2021）第 055935 号

责任编辑　王　竞
装帧设计　康　健
责任印制　张雅丽
出版发行　生活·讀書·新知　三联书店
（北京市东城区美术馆东街 22 号　100010）
网　　址　www.sdxjpc.com
经　　销　新华书店
印　　刷　北京隆昌伟业印刷有限公司
版　　次　2021 年 6 月北京第 1 版
2021 年 6 月北京第 1 次印刷
开　　本　850 毫米 × 1168 毫米　1/32　印张 12.75
字　　数　243 千字
印　　数　0,001－5,000 册
定　　价　49.00 元
（印装查询：01064002715；邮购查询：01084010542）

目 录

辑二　解密疾病

辑三 运动健康

辑四 神奇世界

辑 一

人体奥秘

I

政治态度是先天决定的吗？

研究表明，一个人的政治态度和脑组织结构有关。

近几年来，社交网络越来越火，微博成为大众表达个人意见的重要平台。在这个平台上发生了很多次大规模的争吵，其中尤以"左右之争"最为激烈。"左"和"右"所代表的政治态度在东西方文化里有着完全不同的定义，所以我们还是按照传统定义，将"左右之争"改为自由主义和保守主义之间的冲突。

在西方，凡是由两个政党轮流执政的国家，其两党之间的差别都可以简化为自由和保守这两大类别，几无例外。几乎所有的政治辩论也大都围绕着这个冲突做文章。若干年前，英国 BBC 有一档名为"今天"的广播节目请来两位重量级嘉宾举行政治辩论，两人分别代表自由和保守两大派别。担任这档节目临时编辑的是一位神经生物学爱好者，名叫科林·费斯（Colin Firth），他突发奇想，请来一位名叫杰兰特·里斯（Geraint Rees）的神经生物学家，用核磁共振仪扫描了这两位嘉宾的脑组织结构，果然发现有很多区别。

此事引起了费斯极大的兴趣，但只有两个样本显然是不够的。于是费斯自掏腰包，委托里斯教授进行一次严格的科学研究。里斯和他的团队找来90名年轻的志愿者，用核磁共振仪对他们的脑部进行扫描，与他们各自的政治态度进行对比，发现两派的脑部结构有一些非常显著的差别。自由派人士的脑部前扣带皮层的灰质容量较多，而保守派人士的右侧杏仁核的体积更大些。

里斯教授将结果写成论文发表在2011年4月出版的《当代生物学》（*Current Biology*）杂志上，费斯的名字位列第三，也就是倒数第二位。按惯例这属于最不重要的角色，但就在那篇文章发表前不久，费斯因为在电影《国王的演讲》中的精彩表演获得了奥斯卡最佳男主角奖，于是这篇论文迅速被媒体炒热，而那个听上去有些玄妙的结论引起了诸多猜测，难道一个人的政治态度真的是先天决定的吗？

要回答这个问题，首先必须了解那个实验结果究竟意味着什么。事实上，科学家们早就知道，一个人的政治态度存在相当明显的生物学基础。这个结论看似深奥，其实也很容易理解。自由和保守这两种态度在成为“主义”之前，完全可以归结为简单的神经冲动，即对不同情境的不同反应。

比如，心理学家们很早就知道，持有保守心态的人对于恐惧或者不确定的事件往往更加敏感，思想较为自由的人则正相反，对与常规相冲突的事件有更强的应变能力。这个能力说起来复杂，其实完全属于一种简单的生理性反应，与脑部结构有着非常直接的对应关系。

具体来说，此前的研究早就发现，人脑前扣带皮层的灰质部分与大脑应对冲突事件的能力有关，这部分体积越大，说明该人应对冲突的能力就越强。而杏仁核则和面对恐怖情境时的敏感度有着直接的关联，杏仁核体积越大越敏感。此前曾有研究称，癫痫患者的一个典型的脑部特征就是右侧杏仁核比左侧的大。

话虽如此，科学家们一直没有找到合适的机会直接研究一下左右两派的大脑结构，这就要感谢影帝费斯的大力支持了，如果没有他，这项研究还不知道要等到什么时候。

研究的结果并不出人意料，而是从另一个方面证实了此前的猜测，即自由主义和保守主义这两种思维方式与大脑结构直接相关。里斯教授甚至进行了反向的研究，发现从一个人的脑部结构完全可以推断出他的政治态度，准确性大约为71.6%，相当高了。

那么，接下来的问题就是，政治态度真的是天生的吗？这个问题很难回答，从里斯的那篇论文中我们不能得出任何结论，因为人脑的可塑性极强，里斯观察到的现象只是一种对应关系而已，不能证明两者具有因果关系。要想知道这个问题的答案，必须从遗传学角度着手。曾经有研究发现在不同家庭养大的同卵双胞胎更倾向于持有相同的政治倾向，但那个研究存在样本量过小等诸多问题，还有待科学家们进一步完善。

不过，这件事告诉我们，人类心理学研究已经进入了追根溯源的阶段，很多看似微妙的差别都可以用核磁共振的方法找到生物学基础。比如，里斯教授和他的团队刚刚在2012年1月9日出版的《英国皇家科学院院报B卷》(*Proceedings of the Royal Society B*)上发表了一篇新论文，研究了一个人在社交网络上好友人数的多寡与大脑结构的关系，发现两者确实存在显著的关联。

下回再遇到一个政治狂人或者网络交际花，你就不用太过惊讶了，他们只是大脑跟别人有点不一样罢了。

(2012.2.6)

记忆的开关

科学家们已经找出了记忆形成过程的第一步，这就相当于发现了记忆的总开关。

人类能否揭开大脑的秘密？这个问题曾经被哲学家们一票否决了，他们说，任何东西都是无法理解自身的。这个说法听上去貌似很有道理，但仔细想来这就是一个文字游戏，本身毫无逻辑可言。事实上，科学家们根本没把这句话当回事，一直在紧锣密鼓地研究大脑的运作方式。因为他们相信，研究大脑不需要借助外来的超能力，只要按照常识一步一步去做，总有一天能找出答案。

关于记忆的研究就是一个很好的例子。众所周知，记忆是大脑最基本的功能，所有的推理和决策过程都是在记忆的基础上进行的。一个人如果失去了记忆，那他也就失去了人的根本特征，和动物没什么两样了。

要想研究记忆，首先必须弄清记忆究竟储存在什么地方。随着核磁共振等技术的不断进步，科学家们基本达成了共识，那就是记忆储存在大脑的海马区（Hippocampus），甚至可以更加精确地将记忆定位于海马区的 CA3 区域。

接下来的问题是，记忆是如何被储存的呢？这个问题也已经有了答案。科学家们发现，记忆储存于神经细胞的连接方式之中。换句话说，大脑通过改变神经细胞的连接方式和连接强度，将某个外来刺激永久地固定于大脑之中。

这个改变是由一系列基因负责实现的。研究发现，在外来刺激进入大脑并形成记忆的过程中，海马区内的一系列特定基因被激活，这些基因负责指导神经细胞改变连接方式和强度，从而完成对外来刺激的储存过程。

那么，这些基因到底是如何工作的呢？这个问题就比较难回答了。来自美国麻省理工学院麦克格文脑科学研究所（McGovern Institute for Brain Research）的林映晞副教授和她领导的团队通过一系列设计精妙的实验，找出了这些基因的总开关。林副教授将研究结果写成论文，发表在2011年12月23日出版的《科学》杂志上。

这个实验是在小鼠身上做的。小鼠和所有其他高等动物一样，都具备“场景恐惧记忆”的能力。简单来说，当实验人员把小鼠放进一个特制的笼子，并实施电击后，小鼠便会记住这个刺激，此后当小鼠再次进入这个笼子时，即使没有电击，小鼠仍然会紧张得一动不动，仿佛在为即将到来的恐怖电击做准备。

有了这个方便实用的动物模型，科学家们就可以放开手脚大做文章了。研究人员首先发现，在小鼠形成记忆的过程中最先被激活的是一个名叫Npas4的基因，其他一些记忆形成实验的结果同样如此。其次，该基因恰好在海马区的CA3区域最为活跃。这两个事实加在一起，让林副教授相信这是一个记忆开关基因，负责打开所有与记忆形成有关的基因。

为了证明这一点，林副教授设法将小鼠体内的Npas4基因去除掉，结果这种小鼠失去了“场景恐惧记忆”的能力，很快就忘记了那个笼子里曾经发生的惨剧。接下来，林副教授设法在这种小鼠海马区的CA3区域内恢复Npas4的功能，结果这种小鼠又神奇地重新获得了“场景恐惧记忆”的能力。

这一系列实验似乎都指向一点，那就是Npas4基因是记忆的总开关。下一个问题是，这个开关是如何工作的呢？通过研究该基因的结构，林副教授发现它负责编码一种RNA聚合酶结合蛋白。已知RNA聚合酶是基因激活所必需的酶，因此林副教授推测，Npas4相当于一个“带路党”，专门负责把RNA聚合酶引向特定的基因位点，指导聚合酶在这地方开始工作，激活那些与记忆形成有关的基因。

在生物学术语里，像Npas4这样的基因被称为“转录因子”，专门负责调控基因的转录功能。转录（Transcription）是基因实现其功能的第一步，谁控制了转录，谁就控制了该基因的一切，称其为“基因总开关”是恰如其分的。

这项研究的意义非常重大，那些研究记忆的科学家们从此便有了一个非常强大的工具，他们可以通过研究Npas4的结合对象来研究记忆形成所需的所有基因，也可以通过定位Npas4基因的位置，发现所有与记忆形成有关的神经细胞。

擒贼先擒王，抓住了记忆的总司令，剩下的事情就容易解决了。这个道理一点也不神秘吧？

（2012.2.27）

聋子的眼睛

俗话说，聋子的眼睛更明亮，这是为什么呢？

获得2012年奥斯卡最佳影片大奖的《艺术家》是部黑白默片，这部片子的故事情节并不复杂，甚至可以说有点老套，但导演用黑白片剥夺了观众对色彩的需求，再用默片剥夺了观众对人物对话的需求，失去了这两项重要信息来源之后，观众被迫把注意力全部集中到了人物的肢体动作和表情上，结果创造了奇迹，观众获得了从未有过的新奇体验，男主角也因为其出色的表演而获得了奥斯卡大奖。

人们很早就知道，如果一个人耳朵聋了之后，其视觉会变得格外敏锐。同理，盲人的听觉通常也是出奇的好，这在科学上被叫做“感觉补偿”。这事虽然很容易理解，但它究竟是如何发生的呢？大脑到底是重新开发出一个新的区域，还是对旧有的区域加以改造利用？这就需要科学家们做实验研究一下了。

来自加拿大西安大略大学（University of Western Ontario）大脑与思维研究中心的科学家史蒂芬·隆姆博（Stephen

Lomber）博士和他领导的一个研究小组决定研究一下聋子的眼睛到底为什么会变好。拿人来做实验显然不太现实，于是科学家们选择了猫。猫是除人之外唯一会有先天性耳聋的物种，科学家们找来若干只这样的猫，再和健康的猫做对比，发现前文提到的两种假说当中只有后者才是正确的。研究人员将结果写成论文，发表在2010年10月10日出版的《自然—神经生物学卷》（*Nature Neuroscience*）上。

具体来说，科学家们发现，先天性耳聋的猫的视觉确实比正常猫好，但只表现在两个方面，即周边视野和运动视觉。这一点很好理解，因为对于一只健康的猫来说，听觉系统最大的功能就是感知周围环境的变化，比如一辆车从侧面驶近。耳聋的猫听不到这辆车的声音，它急需用视觉来弥补这个功能，比如提高周边视野的辨别能力。而在其他方面，比如对眼前物体的细节描述等，本来就没听觉什么事，无须补强。

接下来，研究人员把重点放到了猫脑皮层中原本负责处理环境声音的那部分组织，照理说耳聋的猫这部分大脑应该是没用了，但令人惊讶的是，聋猫的这部分大脑不但依然活跃，而且担负起了处理视觉信号的功能！“大脑是一种非常讲究效率的器官，”隆姆博解释说，“它不会浪费任何空间。”

但是，这个实验用的是先天性耳聋的猫，对于后天耳聋的猫是否仍然有效呢？这就需要拿健康猫做实验了。研究人员不得不牺牲了几只小猫，在它们的幼年期破坏其听觉系统，然后研究它们的视觉，看看究竟发生了怎样的改变。

结果再次表明，大脑不会改变原本的功能，它只是把信号的输入端从耳朵换成了眼睛。具体来说，猫脑中原本负责处理位置和方向等周边信息的那部分皮质其功能并没有改变，只是原本这部分脑子专门处理声音信号，耳聋后则换接视觉信号，但仍然负责处理位置和方向等周边信息。

研究人员将结果写成论文，发表在了 2011 年 5 月 9 日出版的《美国国家科学院院报》（*PNAS*）上。这两篇论文清楚地表明，大脑皮层既有固执的一面又有灵活的一面。说它固执，是因为各个部分的功能从一生下来就固定了，就好比一幢房子，厨房只用来做饭，卧室则只用来睡觉，两者不容混淆。说它灵活，是因为每个部分的信号输入是可以变化的，这就好比说每间房子虽然功能固定，但可以住进不同的人。

另外，其他一些实验室的研究结果表明，盲人的情况非常相似，他们的听觉会补偿性地提高，靠的也是大脑皮层的这种既固执又灵活的特性。

那么，科学家研究这些的目的是什么呢？隆姆博解释说，这是为了帮助聋人更好地适应未来的人工耳蜗植入手术。如果一个聋子的大脑链接方式都被改变了，如果将来他的听觉被恢复了的话，会发生什么情况呢？

“我们的研究表明，情况不是想象的那样简单。”隆姆博说，“这就好比你去度假，把房子租给一个朋友，他住了一段时间，非常喜欢，等你度假回来了，他很可能不愿搬走，想再赖上一段时间呢。”

（2012.3.12）

卵子也更新

科学家在女性卵巢内发现了生殖干细胞，这说明女性的卵子总数有可能不是固定的，而是一直在不断更新。

现代人工作忙，导致结婚晚，生孩子也晚。对于这一点，很少见到有男人抱怨。女人就不同了，她们的理由是，卵子的数量从生下来就固定了，只会越来越少，到 50 岁左右就会用光，然后就是绝经，从此失去生育能力。

上面这个说法自 20 世纪 50 年代开始就有了，五十多年来一直未变。任何一位医生都会告诉你，男人的睾丸中有生殖干细胞，能够源源不断地生产新的精子，女人的生殖干细胞只在胚胎期活跃，一生下来就消失了。女性在刚出生时卵巢内尚存大约 100 万个卵母细胞，这个数字只减不增，到青春期时就只剩下大约 30 万个了。从初潮开始，女性每个月都会从几百个卵母细胞中选出一个最好的发育成卵子，排出卵巢等待受孕。如果精子未出现，这枚卵子便通过月经被排出体外，开始下一轮周期，直到所有的卵母细胞消耗殆尽为止。此时女性便不再有月经，她的生殖期也就结束了。

2004 年，一个偶然的机会促使哈佛大学医学院教授乔纳森·提利（Jonathan Tilly）向这个传统观念发起了挑战。他在研究小鼠生殖系统时发现，显微镜下观察到的卵母细胞死亡总数比最后的统计数字要高。比如，某段时间内母鼠卵巢内的卵泡减少了500个，但他亲眼观察到有1500个卵母细胞死亡，这说明小鼠卵巢内一直有新的卵母细胞被制造出来。

为了验证这个观察的准确性，提利和他的同事仔细研究了小鼠卵巢组织，找到了只有干细胞才有的蛋白标记物。他把带有这些标记物的细胞提取出来进行培养，结果证明它们确实是生殖干细胞，能够继续分裂并生成更多的卵母细胞。

这篇论文发表在2004年出版的《自然》（*Nature*）杂志上，当年曾经引来很多争议。不过后来陆续有其他实验室重复得出了这个结果，其中还包括上海交通大学生命科学技术学院的吴际教授。他和他的团队从小鼠卵巢内提取出生殖干细胞，将其培养成成熟卵子并使其受精，最后成功地繁殖出了正常后代。这篇论文发表在2009年4月出版的《自然——细胞生物学卷》（*Nature Cell Biology*）上，有力地支持了提利教授的假说。

小鼠看来没有争议了，人呢？所有拿人做实验材料的科学研究都不好做，更何况是卵巢。提利教授和日本一家医院进行合作，从这家医院取得了一批二十几岁健康女性的卵巢，这几个卵巢都是在做变性手术时被摘除的，当事人同意将其用于科学研究。

有了实验材料，剩下的事情就容易多了。提利教授用荧光法把卵巢内的疑似生殖干细胞挑了出来，将其放进一片新鲜的卵巢组织中，再将这片卵巢组织植入小鼠体内。这只小鼠的免疫系统被抑制住了，因此不会发生异体排斥现象，为这块外来组织提供了一个良好的生长环境。两个星期后，荧光标记的生殖干细胞发育成了一批新的卵母细胞，证明它们确实是生殖干细胞。

提利教授将研究结果写成论文，发表在2012年2月26日出版的《自然——医药学卷》(*Nature Medicine*)上。此文一经刊出立刻引起轰动，如果被其他实验室证实的话，将彻底改写人类生殖学教科书，消除流行了半个多世纪的谬误。

"过去五十多年来人们一直认为女人的卵巢里没有生殖干细胞，这个结论并不是因为有人做过实验并证明其正确性，而是恰恰相反。"提利教授对记者说，"这么多年一直没人好好研究一下此事，于是大家就一直相信这个说法是对的。"

当然，这项研究并不能说明女性从此就会像男性一样不必担心生育问题，这一点是不会因此而改变的。但是这个结果对于那些生育困难，需要体外人工受精(IVF)帮忙的女性来说，无疑是利好消息。众所周知，体外人工受精(也就是俗称的试管婴儿)技术最大的瓶颈就是卵子不易得，而人工受精的成功率是很低的。于是医生们必须不断地给妇女注射大量促排卵激素，才能获得足够多的卵子用于体外受精。这个过程十分烦琐，给受孕妇女的生活带来诸多不便。如果卵巢内有干细胞的话，事情就简单多了，只要做一个小手术，取出一小片卵巢组织，将其中的干细胞找出来加以培养，医生手里就有了无限量供应的卵子。

这项技术还为那些因化疗而必须牺牲生殖能力的妇女带来了福音。过去的做法是在化疗前先将妇女的卵巢取出，化疗后再植入回去。这样做往往会担心卵巢内尚存癌细胞，带来不必要的风险。如果只将卵巢内的干细胞取出来，培育出成熟卵子再重新植入，就不会有问题了。

（2012.3.19）

多细胞生命的诞生

实验表明，多细胞生命的出现是一件极为容易的事情。

进化过程有两个步骤最为关键。首先当然是第一个生命的出现，这个不用多说。其次就是多细胞生命的出现，因为这一事件意味着不同生物之间的关系由相互竞争变成了相互合作。

自从达尔文提出进化的动力是自然选择之后，竞争似乎就成了生命世界的第一法则，以至于后来出现的优生学、种族歧视，甚至资本主义市场竞争学说等都以此作为自己“顺应自然”的依据。

但是，随着研究的深入，科学家们越来越意识到，生命之间的合作关系远比达尔文想象的更加广泛，具备这一特性的群体在竞争中明显要比各自为战的群体更有优势。多细胞生命的出现就是一个最好的例子，在一个真正的多细胞生命体当中，每个细胞都为集体做出了牺牲。比如，人体内的所有体细胞都放弃了繁殖的机会，齐心协力帮助生殖细胞去完成这个最重要的任务。要知道，在达尔文的体系里，繁殖是衡量一个生命体是否成功的唯一标准。按照这个标准来衡量，所有的体细胞都是失败者，理应被淘汰。

基因学说为这个悖论提出了一个合理的解释。以理查德·道金斯为代表的一批动物行为学家提出，自然选择的基本单位不是个体，而是基因。人体内的所有细胞都有着共同的基因，所以才会彼此合作。同理，工蚁放弃了自己的繁殖机会为蚁王服务，是因为蚁王和工蚁有着类似的基因。

道理虽然很简单，但细节还是需要搞清楚。考古学家很早就知道，地球上最早的生命出现在大约 35 亿年前，而直到 2010 年前，多细胞生命的出现时间还被认定为距今约 6 亿年前，这个数字暗示多细胞生命的出现是一个漫长的过程。但是，2010 年在加蓬发现了距今 21 亿年的多细胞生物化石，一下子把多细胞生命的出现时间提前了 15 亿年。

另外，多细胞生命的出现不是一锤子买卖，而是发生过好多次。事实上，科学家相信多细胞生命至少单独进化了 25 次，这在科学上被叫做“趋同进化”（Convergent Evolution）。翅膀的出现就是趋同进化的经典案例，在这个例子里，鸟和蝙蝠为了飞行的需要而分别进化出了翅膀，原因就在于翅膀是飞行的最佳辅助工具，因此翅膀的出现不是偶然的，而是为了满足飞行的需要而产生的必然结果。

换句话说，多细胞生命之所以单独进化了 25 次，是因为这种生命形式更加适应环境，早晚都得出现。

多细胞生命的出现过程至今仍然存在很大争议，这是因为大多数研究者都是通过现有的材料倒推亿万年前发生的事件，难度太大了。

2010年的某一天，美国明尼苏达大学生命科学院副教授麦克·特拉维萨诺（Michael Travisano）在咖啡机旁碰到了同系的博士后威尔·拉特克里夫（Will Ratcliff），其中一人随口说了一句："要是我们能在实验室里模拟出多细胞生命的进化过程，那将会是一件很酷的事情。"

喝完咖啡，两人趁热搜索了一下互联网，发现从来没人做过这个实验。但是这两位不信邪，便设计了一个简单的实验，只用了两个月的时间就在实验室里模拟出了多细胞生命的进化过程！

简单来说，两人在实验室条件下培养了一批单细胞酵母，然后用离心机将酵母细胞分离，相互粘连在一起的细胞簇的比重比单个细胞稍大一些，因此更容易沉到试管底部。然后两人再将沉到试管底部的细胞簇取出，重复上述步骤。

也就是说，科学家用人工方法营造了一个对多细胞簇更加有利的生存环境。

令人惊讶的是，上述步骤只重复了100代，也就是两周左右的时间，酵母细胞簇的形态就发生了显著变化，变成了规矩的雪花形，这说明细胞簇内的细胞已经有了初步的分工。

两人将实验继续下去，大约两个月后宣布告一段落。分析表明，酵母细胞簇已经出现了明确的多细胞生命体特征。

比如，每个细胞按照状态的不同对各自的繁殖能力进行了调节，细胞簇长到一定的大小才开始分裂。一些细胞甚至进化出了牺牲精神，因为其所处位置不利，便自动开启“细胞自杀”模式（Apoptosis），杀死自己，以便那些较小的细胞簇能够从母体分裂出去，加速群体的繁殖。

两人将研究结果写成论文发表在2012年1月16日出版的《美国国家科学院院报》上，文章刊出后引发了热烈的讨论，科学家们一致认为这个实验结果令人惊讶，证明多细胞生命的出现远比想象的容易。特拉维萨诺则表示，这个实验还有助于科学家研究癌症等疾病的发病机理，因为自私的癌细胞就相当于多细胞生命进化过程中的落伍分子，或者说是一种返祖现象。

（2012.3.26）

密码子的秘密

半个世纪以来，科学家一直认为有一部分基因密码子是多余的，但新的发现证明这个想法是错误的，生命系统的复杂性又一次被大大提高了。

翻开任何一本遗传学教科书，在讨论遗传密码子的时候都会告诉学生，这是生命简约性的一个绝佳例证，也就是说，生命一定会用最节省的方式达到自己的目的，不会做出任何无谓的浪费。

这个故事先要从基因和蛋白质讲起。简单来说，基因是一条 DNA 长链，由四种核苷酸依次排列而成，分别用 ATCG 这四个字母来表示。蛋白质也是一条长链，由 20 种氨基酸依次排列而成。基因的字母顺序决定了蛋白质的氨基酸顺序，因此也就决定了生命的样子。

一个关键问题是，基因到底是如何决定氨基酸顺序的呢？

假设每 2 个字母对应 1 个氨基酸，那么按照排列组合的原理进行计算，不难发现 4 个字母只能组成 16 种不同的组合，不够用。再假设每 4 个字母对应 1 个氨基酸，那么一共会有 256 种不同的组合，又太浪费了。于是生命选择了 3 这个神奇的数字，每3个字母对应1个氨基酸，这样算下来一共可以有64种不同的组合，编码20种氨基酸刚好够，并有富余。

这个三字母组合就是大名鼎鼎的遗传密码子（Codon），又叫三联体密码。

接下来一个很自然的问题是：那多出来的44种密码子怎么办呢？科学家研究发现，其中3种密码子编码结尾信息，表示蛋白质合成到此为止，不再继续。余下的则分成20个组，分别代表同一个氨基酸。比如AAA和AAG这两个密码子都代表赖氨酸，这在遗传学里被叫做简并密码子。

密码子的秘密是在50年前被发现的，从此就再也没有改变过。简并密码子的存在导致了很多遗传学上的有趣现象，比如，同样是单个字母发生突变的所谓"点突变"，就因为发生位置的不同而被分为有效突变和无效突变。还是拿赖氨酸为例，假设一段基因原来的顺序是AAA，中间那个A突变成G，AGA所对应的氨基酸就变成了精氨酸，这就是有效突变。可如果是最后那个A突变成了G，则AAG对应的氨基酸仍然是赖氨酸，这就是无效突变。

有效突变和无效突变的存在使得基因序列分析的难度大大增加了，每一个点突变都必须先判断出它属于哪一类，才能知道它到底重要不重要。

可是，自从发现了密码子有一部分是冗余的之后，科学家们又陆续找到了很多例子，证明生物进化往往会倾向于某一种简并密码子，而与之对应的另一种密码子虽然编码的氨基酸是相同的，但就是不被生物采用。科学家们一直对生命体这种神秘的偏好感到好奇，但半个世纪过去了，一直没有找到答案。

关于这个谜题的猜想倒是层出不穷，不少人认为两种密码子也许会对蛋白质的合成速度带来影响，但一直苦于没有证据。蛋白质的合成是在核糖体内发生的，速度极快，而核糖体本身又很小，难以测量，研究难度相当大。美国加州大学旧金山分校霍华德・休斯医学研究所的乔纳森・魏斯曼（Jonathan Weissman）教授及其团队发明出一种新的测量方式，能够即时地测出每一个核糖体上蛋白质的合成速度。研究人员用这种被称为核糖体图谱（Ribosome Profiling）的新技术，终于测出不同的简并密码子确实能对合成速度产生巨大的影响，差别可以大到十倍以上。

魏斯曼教授将研究结果写成论文，发表在 2012 年 3 月 28 日出版的《自然》杂志上。“简并密码子一直被认为是多余的，但我们这个实验证明不同的密码子其实有着不同的功能。”魏斯曼教授在评价这篇论文的意义时说道，“过去我们一直不知道这里面的规则是什么，但我们这个实验证明生物进化很可能通过不同的密码子而控制了基因的反应速度。”

这个研究意义重大。简单来说，它证明有效突变和无效突变的概念必须重新审视，基因工程的很多规则也必须重新定义。

更重要的是，这项研究发现了一种全新的生命信息调控方式。过去科学家们只知道遗传密码，也就是DNA顺序能决定生物性状，这就是为什么人类基因组顺序被全部测出后，科学界充满了乐观气氛。但后来大家意识到从DNA到RNA，从RNA到蛋白质，以及蛋白质从合成出来到修饰完成等等很多步骤都存在调控的可能性，一下子就把生命系统的复杂性提高了好几个数量级。魏斯曼教授的发现等于又找到了一个新的控制机制，生命系统的复杂性又一次被提高了。

（2012.4.9）

人体中的黑社会

人体内生活着无数细菌，它们组成了一个黑社会，隐藏了很多秘密。

人身上生活着很多细菌，皮肤表面、呼吸道和肠道内都有，这已不是什么秘密了。如果把人体比作主流社会的话，那么这些细菌就是黑社会，它们大都没有名字，没有户口，没有编制，终日寄生在人体内一些犄角旮旯的地方，靠“偷窃”为生，稍微管理不严就会跑出来惹是生非。

以上就是人们对于人体寄生细菌的传统认识。但是，当科学家们开始认真研究它们时，却发现真实情况要复杂得多。首先，人体寄生细菌的数量之多令人咋舌。据估计，人体内的细菌数量是人体细胞总数的10倍，也就是说，每一个人体细胞都要供养10个细菌！想象一下，如果一个国家的黑帮人数竟然比普通老百姓多10倍，那就不能把他们简单地叫做黑社会了，他们肯定参与了这个国家社会生活的方方面面，甚至可能已经暗地里接管了政府。作为老百姓，我们必须知道这个黑社会究竟干了些什么。

其次，科学家发现大多数人体寄生细菌都是没办法人工培养的。熟悉微生物学研究方法的人都知道，一种细菌如果没法人工培养，就没办法扩增，没办法克隆，因此也就很难进行研究，这就是人类至今对这个细菌黑社会的情况所知甚少的主要原因。

基因测序技术的进步解决了这个难题。利用新的技术，科学家们不必培养细菌，就能测出样品中所有感兴趣的基因片段的顺序，并以此为据，判断出样品中所含细菌的种类和特征。最近，美国华盛顿大学的遗传学家杰弗里·戈登（Jeffrey Gordon）博士和他领导的一个团队利用了这项新技术，对人体肠道细菌的分布和演化进行了研究。

研究人员把视野扩展到了整个地球，从南美洲委内瑞拉的一个亚马逊部落，非洲马拉维的一个土著部落，以及美国的几个大城市找到了531名身体健康的志愿者，获得了他们的粪便样本。这些人年龄不等，生活条件千差万别。研究人员提取出样本中所有的DNA，利用新的基因测序法测量了其中含有的16S核糖体RNA的基因序列。这个16S RNA是蛋白质合成过程中必须用到的一种核酸分子，所有细菌里都有它，不同细菌之间的16S RNA顺序略有不同，可以用来鉴定细菌的种类。

研究显示，这三个地方的人虽然生活环境极为不同，但环境微生物入侵人体的过程却十分相似。简单来说，新生儿在刚出生的时候肠道内没有细菌，出生后头6个月内有几百种细菌开始在肠道内落户，此后数量不断增加，3岁时肠道菌群的数量和分布模式就和成人相差不大了。

一个人婴儿期和成人时的肠道菌群种类、分布相差很大，但这种变化似乎都是为了满足人体的需要，仿佛细菌们听从了人的指挥。比如，叶酸是一种既可以从食物中来，又可以由肠道细菌合成出来的维生素。婴儿期食物成分单一，只能依靠细菌，因此婴儿肠道内的细菌含有的叶酸合成酶数量较多。而成人的食物来源丰富，不必依靠细菌合成，因此成人肠道内含有更多的专门利用叶酸的细菌，叶酸合成酶的含量反而较低。与此相反，维生素 B_{12} 只能通过细菌合成，无法从食物中获取，而人体对 B_{12} 的需求量随着年龄增长而增加，因此肠道中的 B_{12} 合成酶的数量也随着年龄的增长而增加。

另一个有趣的发现是，美国人的肠道微生物多样性比另外两个国家的人都要低，虽然美国人所吃的食物种类肯定要比后者更多。研究人员猜测，这可能是因为美国人卫生条件较好的缘故，或者是缘于抗生素的大量使用。至于说这种多样性的差异到底对健康有何影响，还有待进一步研究。

戈登教授将研究结果写成论文，发表在 2012 年 5 月 9 日出版的《自然》杂志上。戈登教授表示，这项研究只能算是关于人类肠道菌群基因组分析的初步尝试，但是仅仅从这个初步的研究结果里我们已经得到了很多以前不知道的有趣信息，这说明该领域的前景非常光明。事实上，这项研究属于一个叫做“人类微生物组计划”（Human Microbiome

Project）的一部分，该计划由美国国立卫生研究院牵头，利用新的基因测序技术把人体寄生细菌全部检测出来。目前该计划已经完成了178个细菌的基因组测序工作，从中找到了超过50万个新的基因。该计划的最终目的是至少测量出900个重要寄生细菌的基因组，彻底揭开寄生在人体内的这个细菌黑社会的秘密。

（2012.6.4）

自由意志与道德责任

自由意志是否存在？这个问题并不重要，但自由意志的存在本身却是一件非常重要的事。

涉嫌杀害并肢解中国留学生林俊的加拿大嫌犯马尼奥塔日前在德国被捕，消息传出后，网络上一片喊杀声，就连不少平时反对死刑的人这次都表示希望把嫌犯引渡到一个保留死刑的国家，而不是把他交还给已经废除了死刑的加拿大。

你不会对网民的态度感到奇怪吧？事实上，这是个在心理学研究中很常见的现象。人们在谈论抽象问题的时候表现出来的某个坚定不移的信念，往往会被一个具体的事件轻易地颠覆了。

关于自由意志（Free Will）的讨论就是一个经典的案例。所谓自由意志，指的是一个人能够不受外界干扰，完全自主地做决定的能力。比如你在读这篇文章的时候，突然决定摸一下头发，这个决定完全是你自己做出的，没有受到任何外来因素的影响。同样的情况下，你也完全可以不去摸头发。这就叫自由意志。

自由意志真的存在吗？这个问题学术界一直在争论，直到现在都没有定论。最早只是哲学家们对这个话题感兴趣，可随着科学技术的发展，越来越多来自其他领域的人也加入了讨论，双方各执一词，貌似谁都有点道理。

与自由意志相反的概念叫做决定论（Determinism），大意是说自然界所有的现象都是有原因的，都是前一个事件导致的结果。当牛顿力学出现后，决定论找到了科学根据。你想，如果世间万物都是由粒子组成的，而粒子之间的相互碰撞又都遵循牛顿定律的话，那么粒子们每时每刻的状态显然都是由上一个时点的状态决定的。在这个“决定论”的世界里，自由意志是不存在的。

比较一下电脑和人脑的区别，我们就会很容易理解两者的区别了。一台电脑输出的任何结果都是由输入端来控制的，它自己绝不会突然冒出一个古怪的答案。但是人脑似乎就不同了，我们倾向于相信，人脑是可以自己选择输出任何指令的，和外界的刺激无关。

那么，人脑和电脑的真正区别到底在哪里呢？自由意志和决定论到底谁对谁错呢？我们可以从多个角度来探讨这个问题。下面我们就来看看实验哲学家（Experimental Philosopher）是怎么做的。美国亚利桑那大学哲学系教授肖恩·尼科尔斯（Shaun Nichols）在2011年3月18日出版的《科学》（*Science*）杂志上撰写了一篇文章，把实验哲学家对这个问题的研究结果进行了一次梳理，引导读者从人类进化的角度重新审视这个问题。

尼科尔斯的主要思路就是：假如我们生活的世界是个由“决定论”统治的世界，那么道德这个概念就难以成立了。因为如果一个人的行为早就被之前发生的事情决定了，那他就没有理由为自己的错误承担任何道义上的责任。

尼科尔斯把上述论据提交给普通民众看，绝大多数人都同意他的说法。然后他又举了个例子，问大家如果上述说法成立的话，那么假设某先生作弊逃税，是否应该受到惩罚？大部分人回答说不应该。最后，他又举了个例子，说有人为了和小三结婚，杀死了他的原配，此事该不该被原谅呢？结果绝大多数人都认为他不该被原谅。

如果单纯从哲学的角度来看，上述三个问题其实是等价的，但是因为涉及具体的案例，受试者便得出了完全不同的结论。尼科尔斯认为，这个心理实验说明了自由意志这个概念对人类社会的自我维系是至关重要的，不管它是否真的存在。人类社会绝对需要它的存在。换句话说，相信自由意志的人具有选择优势，因此它就被多年的进化而固定在了人们的脑海里。

还有一些心理实验从其他角度证明，相信自由意志的人往往更诚实，工作态度也更好。在第一个实验里，受试者先阅读一段由弗朗西斯·克里克（Francis Crick，DNA 双螺旋结构的发现者）撰写的文字，大意是说自由意志是个古老的概念，现代科学已经将其抛弃了。看完后再让受试者做选择题，并暗示对方有个作弊的机会，结果读过这段文字的人比没读过的人更倾向于作弊。

在第二个实验里，研究人员和一家招聘机构合作，向来此找工作的蓝领工人发放调查问卷，以此来测量每个人相信自由意志的程度。这张问卷还调查了每个人对生活的满意度，以及对劳动的态度等，并分别打分。之后，研究人员再让招聘单位对每一位工人的工作表现打分，看看到底哪项特质和工人的实际工作表现相吻合。结果发现除了对自由意志的态度之外，其他特质均和工作表现无关。越是相信自由意志的人，对待工作的态度也就越好。

（2012.6.18）

你几岁了？

现代科学发展到今天，居然还是没能找到一种方法能够快速鉴别出一个人的年龄。

年龄是生命最重要的性质之一，但是判断一个生命的年龄却不是一件容易的事情。

已知某些树木可以通过年轮来判断年龄，某些软体动物的贝壳也有类似年轮的层状构造可以用来判断年龄。两者之间的共同点很明显：它们都是通过季节的变换来计算年龄的，而只有像树干和贝壳这样质地坚硬的固体物质才能把生长速度的变化保留下来。

那么，有没有不依靠季节变化，纯粹以绝对时间为尺度的年龄测量法呢？答案是有的，但精度则取决于年龄段，并且仍然要利用到固体物质的特性。

比如说，哺乳动物的牙就是一个很好的年龄指示器。有经验的牧民只要检查一下一匹马或者一头牛的牙口，就能判断出它们的年龄。因为牙齿长到一定程度就停止生长了，然后便会随着年龄的增加而逐渐磨损。牧民正是依靠这一点，通过多年积累的经验大致判断出牲口的年龄。

这个方法有个局限，那就是年龄越大判断的误差也就越大。好在年龄大的牲口往往有其他特征可以辅助判断，而且大龄的牲口也不需要判断年龄了。

人的情况很类似，判断人的年龄也可以依靠牙齿的X光扫描图，而且局限性也是一样的，年龄越大越不准确。好在中年以上的人基本上没有测年龄的需求，问题也就不那么严重了。

现代社会人人都有出生证明，基本上不需要测量年龄了，但在某些特殊情况下这个需求还是存在的。比如在那些需要限制年龄的体育比赛当中，为了防止少数人造假，需要检查运动员的年龄。但更多的情况出现在移民局。不少发达国家的法律规定，对于移民局抓到的非法移民，如果年龄不满18岁的话，可以考虑让其留下并申请避难资格，于是便出现了有人伪造年龄的情况，急需一种可靠的方法加以鉴别。

判断一个人是否满18岁，比判断一个人的绝对年龄要容易得多。牙齿扫描是目前比较流行的做法，有10个欧洲国家都采用这个方法鉴定难民的年龄。此法通常将重点放到了智齿上，用X光扫描法判断智齿的发育情况，并以此来推断年龄。美国移民局从1993年开始就采用此法，据说直到今天都没有争议。

但是，英国伦敦大学学院（University College London）教授艾尔·艾斯利－格林（Al Aynsley-Green）及其同事在

2012 年 5 月 14 日出版的《英国医学通报》(*British Medical Bulletin*)上发表了一篇论文，质疑了这一做法的准确性。

文章认为，智齿的发育速度并不均衡，速度快的 15 岁便发育完成了，但速度慢的则可以拖到 25 岁，依靠这个方法来判断年龄非常不可靠。

该文用了更多篇幅讨论了骨龄法的准确性。和牙齿一样，骨头也是人体内少有的坚硬器官，骨头的发育状况同样可以被用来判断一个人的年龄。事实上，目前有 16 个欧洲国家是依靠骨龄法判断难民年龄的，美国移民局也采用了这个方法。但是，根据艾斯利 – 格林教授等人的研究，一个 15 岁的儿童很可能已经具备了成年人的骨骼形态，但也有人直到 25 岁后骨骼才发育完成，因此如果仅仅依靠骨龄法来判断一个人是否满 18 岁的话，最多可能会有 1/3 的情况判断失误。

骨龄法当中，腕骨扫描法被认为是最可靠的。儿童的腕骨是由 20 根左右的细小骨头组成的，它们被软骨分隔开来。随着年龄的增长，软骨逐渐钙化，最终长成一根完整的骨头。美国医生曾经在 1959 年根据美国白人中产阶级青少年的发育情况制定了一份青少年腕骨发育对照表，当初制定这份表格是为了研究青少年骨骼发育，可现在却被用来测量年龄，而且很多都是非白种人的年龄，显然会有很大的误差。事实上，根据艾斯利 – 格林教授的研究，腕骨发育很可能在 15 岁的时候即告完成。

现代科学发展到今天，居然还是没能找到一种方法能够快速鉴别出一个人的年龄，确实是一件有点奇怪的事情。艾斯利－格林教授建议，从目前的技术条件来看，最好的办法就是组织一批医学专家，把解剖数据和生理指标等结合起来进行判断，但即使这样也很难保证结果的准确性，这就是为什么奥林匹克组委会和国际足联至今坚决不同意用这两种X光检测法来判断运动员年龄，并以此作为法律依据。至于移民局，他们本来面对的就是弱势群体，即使判断失误也很少被追究。

（2012.7.9）

垃圾 DNA 之谜

新的发现表明，人类基因组中的垃圾 DNA 其实并不垃圾。

2012 年 9 月 5 日出版的《自然》杂志一口气刊登了三十多篇关于同一个问题的研究论文，其官方网站上更是破天荒地将这三十多篇论文做成一个互动式应用程序，供读者免费阅读。全世界各大媒体也都在第一时间报道了这件事，称其标志着人类基因组研究进入了一个全新的阶段，医药健康领域将迎来一场大革命。

这是怎么回事呢？

故事要从 2000 年讲起。那一年人类基因组草图首次公布，全世界都为之疯狂，似乎人类的秘密就要被揭开了。当时科学家们的思路是这样的：如果把人体看作一幢房子，那么蛋白质就是砖瓦，而基因就是这些砖瓦的设计图纸，如果我们看懂了图纸，一切问题就都迎刃而解了。

但是，当科学家们仔细研究了那张基因组草图后，却发现只有不到 2% 是负责编码蛋白质的基因，总数加起来仅有 2.1 万个左右，比很多动植物都要少。这个发现让科学家们大吃一惊，难道我们人类作为堂堂的地球主宰者，基因总数居然还不如一棵草？人类的复杂性该如何解释呢？

除了这2%以外，剩下的98%不编码任何蛋白质，一时看不出它们究竟有何用处，于是有人将其称为“垃圾DNA”。这个发现引发了一场关于生命本质的哲学讨论，因为过去人们一直相信生命都是高效率的生存机器，每一个性状都是有理由的，不会有半点浪费。著名的博物学家史蒂芬·杰·古尔德（Stephen Jay Gould）就认为很多生物性状只不过是进化的副产品，是侥幸搭上顺风车的垃圾。

如果说上述问题只有科学家或者哲学家才会感兴趣的话，那么接下来的事情就跟我们普通老百姓很有关系了。人类基因组计划的最终目的是治疗遗传性疾病，以前人们相信遗传病都是因为基因突变导致相应的蛋白质结构发生变异造成的，如果我们找到了每一种遗传病对应的基因，就能从根儿上治好这个病。如今距离人类基因组草图绘制完成已经过去了12年，只有少数疾病找到了对应的基因，这其中大部分还都是非常罕见的遗传病。绝大多数和遗传有关的常见病，比如癌症和心血管疾病，都没能找到与其对应的基因，即使找到一些与其有关的DNA片段，其位置也通常在垃圾DNA内。于是，科学家们猜测垃圾DNA也许并不垃圾，而是包含着很多专门调控基因功能的片段。换句话说，人类基因组并不是基因和“搭车者”（垃圾DNA）的简单叠加，而是由基因和各种调控元件组成的复杂的网络系统。

为了彻底搞清这个网络系统的秘密，来自全世界的基因学家们于 2003 年共同发起了一个“DNA 元件百科全书”计划（Encyclopedia of DNA Elements，简称 ENCODE），目标就是把所有的调控元件搞清楚。2012 年发表在《自然》杂志上的这三十多篇论文就是这个庞大计划交出的第一份完整的答卷。来自世界各地的研究人员一共进行了一千六百多个独立实验，分析了 140 种不同的人体细胞类型，从中发现了 400 万个基因开关和功能调节因子，占人类基因组总长度的 18% ～ 19%。这些调控位点可以和 DNA 转录酶结合，共同决定某个基因何时被打开，以及活性的高低。

除此之外，人类细胞中还活跃着很多小分子 RNA，它们可以和 DNA 或者各种酶分子相结合，用这个方式参与基因功能的调控过程。这些小分子 RNA 也都是由人类基因组负责编码的，它们的位置也位于垃圾 DNA 片段内。

两者相加的结果令人震惊，人类基因组中有大约 80% 的片段都参与了 DNA 功能的调节！它们不能再被称为垃圾 DNA 了。那么，剩下的 20% 是否就真的是垃圾 DNA 呢？也未必。科学家相信，如果将研究范围进一步扩大到所有细胞类型，也许就会发现剩下的 20% 也或多或少地参与了基因功能的调控。

这个发现彻底修正了过去人们的偏见，人类这幢房子的设计图纸上不光画出了每一种砖瓦的结构图，还画出了每一种砖瓦的位置和安装手册，这个信息对于建筑工人和修房子的人来说同等重要。从医药的角度讲，这个发现一下子把负责基因调控的功能元件扩展到了整个基因组，极大地增加了新药研发的工作量。但是，也许这就是治疗遗传性疾病的必经之路，以前科学家们忽略了调控因子的作用，把注意力都集中到基因本身上去了，事实证明此路不通。

再回到那个哲学命题。这个发现是否意味着垃圾 DNA 不存在了呢？有人做过一个实验，把小鼠基因组中的一部分垃圾 DNA 去掉，结果小鼠照样活蹦乱跳的。这个实验似乎说明至少有一部分垃圾 DNA 确实没用，不过也有人反驳说，实验室条件下小鼠确实不需要那么多 DNA 就能活得很好，但这些“多余”的 DNA 其实是为特殊情况准备的，是小鼠的急救包。

也许，这就是生物多样性的意义所在。

（2012.9.24）

高龄父亲更危险

新的研究显示，父亲的年龄越大，遗传给孩子的基因突变就越多。

现代人生孩子的时间越来越晚了，这一趋势不仅发生在中国，全世界任何一个城市化进行得比较充分的国家，晚婚晚育都已成为常态。

对于晚育带来的问题，以前大家关注得最多的是母亲一方，毕竟女性的生育期结束得比男性早，高龄产妇在生孩子时也会带来各种问题。这种讨论的结果就是：大龄女青年们越来越在意自己结婚生子的时间，不希望拖得太久，而大龄男青年则普遍缺乏紧迫感，仿佛生孩子只是女方的事情，和自己没什么关系。

但是，2012 年 8 月 22 日出版的《自然》杂志刊登了一篇论文，给了大龄男青年们当头一棒。这篇论文的作者是“解码基因公司”（DECODE）的科学家们，这家总部位于冰岛的基因测序公司测量了 78 对冰岛夫妻以及他们所生孩子的全部基因组顺序，得出了一个让人惊讶的结论：孩子的大部分基因突变来自父亲，其数量和父亲的年龄有着直接的关系，父亲生子时的年龄越大，来自父亲的基因突变就越多。相比之下，来自母亲的基因突变是恒定的，不会随着母亲年龄的增加而增加。

众所周知，一个人自身基因组的一半来自父亲，另一半来自母亲，但在遗传的过程中总是会产生少量错误，这就是基因突变的由来。基因突变大都发生在基因复制的过程中，一个男人的精母细胞每时每刻都在进行着细胞分裂，生产出成千上万的精子，而一个女人从出生开始就已经携带了她这辈子所需要的绝大部分卵子，不需要基因复制，所以科学家们早就通过这一现象推断出，人类下一代基因突变中的大部分应该来自父亲，只是不知道父亲占多大比例罢了，而这篇论文测出了这个比例。

但是，这篇论文最具革命性的意义在于首次测出了父亲年龄与基因突变数量之间的关系。在基因测序技术成熟之前，这个数据是很难估算的，只能通过局部的研究来推断整体的情况。这次“解码基因公司”的科学家们依靠手中掌握的基因组测序技术，测量了 219 个人的全部基因组序列，用这个“笨”办法一劳永逸地找到了问题的答案。

本次研究中父亲样本的平均年龄为 29.7 岁，来自父亲的基因突变频率为平均每 1 亿个核苷酸出现 1.2 个突变，突变总数四倍于来自母亲的突变。父亲的突变率每 16.5 年增加一倍，也就是说，一位 36 岁的父亲遗传给孩子的基因突变总数两倍于 20 岁的父亲。

如果把这个研究扩展到整个冰岛的话，那么2011年出生的冰岛孩子平均要比1980年出生的孩子多携带70个基因突变，这是因为如今冰岛男人当爸爸的平均年龄为33岁，而1980年时仅为28岁。

那么，这些基因突变意味着什么呢？首先，基因突变是随机发生的，而人类基因组中存在大量无意义的冗余片段，因此大部分基因突变都是中性的，既无害也无益。其次，如果某个基因突变正好位于有用片段内的话，那么在绝大部分情况下这个突变是有害的。

“父亲年龄越大，孩子继承的基因突变就越多。”“解码基因公司”创始人凯里·史蒂芬森（Kari Stefansson）博士解释说，“基因突变的总数越多，其中一个是有害突变的可能性就越高。”

关于突变基因与疾病之间的关系，目前研究得最多的就是自闭症。就在2012年3月，《自然》杂志曾经连续刊登了三篇关于此事的论文，得出结论说，父亲的年龄越大，孩子患自闭症的可能性就越高。自闭症的病因目前尚未完全搞清，科学家并不知道哪几个基因与自闭症直接相关，因此只能通过基因突变的整体频率来推断自闭症的发生概率。

类似的情况在精神分裂症领域也被观察到了。事实上，本次冰岛实验专门挑了一批患有自闭症和精神分裂症的孩子，结果发现他们患病的原因很可能与基因突变频率的增加有关，而冰岛近几年患自闭症的儿童数量有了显著增加，史蒂芬森估计这一现象与父亲年龄的增加有很大的关系。

这一倾向在其他发达国家也被观察到了。比如，现在每 88 个美国小孩就有 1 个患有自闭症，这个比率比 2007 年时又增加了 77%。加州大学洛杉矶分校（UCLA）的丹尼尔·盖施文德（Daniel Geschwind）教授认为，这一增加的部分原因在于自闭症诊断水平的提升，但也和基因突变率的增加很有关系。

值得一提的是，这种随机的基因突变正是人类进化的来源。没有基因突变，人类是不会被进化出来的。“我们也许可以这样想，”史蒂芬森说，“基因突变对下一代不利，但对整个人类而言则是有好处的。”

（2012.10.1）

人类肤色的进化

最新的研究结果显示，欧洲人的肤色直到一万多年前才变白。

人类按照肤色和相貌的不同可以分为不同的族群，不同族群之间相互仇视的现象古已有之，但一直没有演变为种族歧视。究其原因，一是因为古代交通不便，不同族群的人很少接触，二是宗教信徒们相信上帝造人，既然大家都是上帝的子民，就很难把这种歧视上升到种族的高度。地理大发现极大地扩展了旧世界居民们的视野，再加上达尔文提出的进化论被越来越多的人接受，使得学者们开始相信人类可以像动植物那样被分成若干个本质上有差异的种族，这就为种族歧视创造了条件。

最先提出种族思想的是瑞典植物学家卡尔·林奈（Carl Linnaeus），他在1758年写了本书，把人类分成欧洲人、美洲人、亚洲人和非洲人这四大种族。他认为金发碧眼白皮肤的欧洲人是富有创造力的人种，黄皮肤的亚洲人则是忧虑、盲目和吝啬的，两者的区别是天生的，与后天教育无关。

德国人类学家约翰·布鲁门巴赫（Johann Blumenbach）

通过研究人的头盖骨，把人类分成高加索人、蒙古人、埃塞俄比亚人、美洲人和马来人这五个人种。他相信最早的人类是起源于高加索地区的白种人，后来被迫迁徙至其他地方，受到环境影响而发生了人种退化。布鲁门巴赫被称为现代人类学的鼻祖，他开创的这一派又被叫做“科学人类学”，即用科学的方法研究人类的发展史。但是，因为早期的科学研究方法有限，手段单一，再加上当时的人类学家们有太多的政治诉求，不够中立，得出的很多结论都是错的。

比如，布鲁门巴赫认为白皮肤的高加索人迁徙到非洲，在当地强烈的阳光照射下退化成了现在的非洲人。这个说法的前半部分从某种角度讲是正确的，但因为当时的科学手段没办法判断肤色变化的时间顺序，导致结论完全错了。直到 DNA 测序技术被发明出来后，人类的进化史才终于有了可靠的时间轴。DNA 就像是一本族谱，记载了有生命以来发生的所有重大事件。读懂这本族谱需要掌握两个窍门：第一，每一位抄书者都会抄错几个字母；第二，抄错字母的概率是基本恒定的。掌握了这两条规律，人类学家们终于描绘出了人类进化的时间表。

就拿肤色来说，科学家们很早就知道肤色的深浅缘于皮肤中黑色素的多寡，但是直到 2002 年才终于找到了导致这一变化的基因，总数不到 10 个。决定欧洲人肤色变化的主要是 KITLG、TYRP1、SLC24A5 和 SLC45A2 这四个基因。通过研究这些基因的演化历史，人类学家们终于搞清了人类肤色变化的大致过程。

简单来说，人类祖先的皮肤确实是白色的，如今的黑猩猩就是如此，它们的浓密的毛发挡住了赤道带强烈的阳光，不需要那么多黑色素。大约在150万年前，全球变暖导致大部分非洲森林消失，迫使祖先们从树上走下来，开始在草原上生活。毛发不利于散热，最先被淘汰。没有了毛发，它们迫切需要另想办法防止紫外线对皮肤的伤害，于是黑色素便不断增多，终于让它们的皮肤变成了黑色。

提起紫外线，很多人首先想到的是它的致癌作用，但是古人大都活不到得癌症的年纪，致癌不足以对人类肤色的进化产生压力。但是紫外线可以破坏叶酸，缺乏叶酸的孕妇很容易生出畸形儿，这才是皮肤变黑的进化动力。

大约在20万年前，现代智人出现在非洲，肤色都是黑的。又过了十几万年，其中的一部分人走出非洲，向北进入了中亚和欧洲地区，并逐渐扩散到整个地球。随着纬度的增高，天气越来越冷，祖先们穿上了厚厚的衣服，在御寒的同时挡住了阳光。但是，紫外线也不都是坏的，它能帮助身体合成维生素D，黑皮肤会导致维生素D缺乏症，于是住在寒冷地区的人们皮肤又开始变白了。

上面这个说法听上去很有道理吧？且慢！一部分人类学家并不同意，他们认为早期人类依靠打猎和采集野果为食，维生素D完全可以从这种多样化的食物中获取，缺乏光照并不会影响人类的生存。最终导致人类皮肤变白的原因是农业的诞生，这一变化使得人类的食物成分变得单一，维生素D缺乏症终于显露出威力，人类的肤色这才终于变白了。

到底哪种说法正确呢？唯一的办法就是通过基因序列分析，找出相关基因发生变异的时间。2012年8月25日出版的《分子生物学与进化》(*Molecular Biology and Evolution*)杂志刊登了葡萄牙波尔图大学的几位科学家撰写的论文，通过分析前文提到的那四个基因的变异时间，发现大约在1.1万～1.9万年之前欧洲人的皮肤才终于变白。早些年发表在《科学》上的另一篇论文得出的年代更近，大约为5300～6000年。虽有差异，但两个结果都更接近农业假说，即农业导致的食物种类单一化才是皮肤变白的原因。换句话说，仅仅一万多年前欧洲人的皮肤还是黑的呢，种族歧视是没有科学根据的。

这个案例说明，真正的、中立的科学才是打败种族主义最好的武器。

（2012.10.29）

目睹新基因的诞生

科学家设计了一个巧妙的实验，目睹了一个新基因的诞生。

进化论之所以总会有反对者，原因在于这是一个描述过去发生事情的理论，很难被复制。俗话说“眼见为实”，人们对于无法亲眼看到的东西总是不愿去相信，这是人性使然。不过，绝大多数生物学家都是相信的，因为进化论不但可以解释几乎所有的生命现象，而且进化过程中的很多步骤其实都已经在实验室里被成功地模拟出来了。

2012 年 10 月 19 日出版的《科学》杂志就刊登了一篇文章，来自美国加州大学戴维斯分校（UC Davis）和瑞典乌普萨拉大学（Uppsala University）的科学家联手设计了一个绝妙的实验，目睹了新基因的诞生。

如今地球上这么多功能各异的基因当初都是怎么被进化出来的？这是进化论需要解决的一个核心问题。过去流行的理论认为，新基因是在某个多余的旧基因基础上进化出来的。简单来说，这个理论假设某个细胞在复制的时候发生了一个小错误，多复制了一份基因拷贝，这种现象经常发生，不是什么稀奇的事情。这个拷贝是多余的，平时没事做，因此也就没有所谓的“选择压力”。于是它开始慢慢积累突变，逐渐有了新的功能。如果新功能没啥用处，也许再过若干年它就会被淘汰掉了；但如果新功能有点用处，它就会被保留下来，逐渐演变成一个全新的基因。

打个比方：这就好比一个农民家里有很多儿子，平时帮父亲种地，但有一个儿子身体残疾干不了重活儿，在家休养的过程中意外地学会了修表。之后遇到天灾，粮食歉收，别的人家都饿死了，而这家人靠着这位残疾儿子的手艺活了下来，最后慢慢变成了一个钟表匠之家。

很多生物学实验都证明这个假说是对的，有不少新基因确实是这么来的，这就是为什么有一种理论认为生存压力小的时候进化速度反而会更快，否则的话上面例子中那个残疾的儿子早就被饿死了，后面的故事就不会发生了。

但是，这个假说存在一个很大的问题。大自然在绝大多数时候都是很残酷的，生物的生存压力一直非常大，很难想象某个细胞会让一个多余的基因一直存在下去，并慢慢等它发生有益的突变。于是有人提出了一个新理论，认为一个基因先是有了某个新功能，然后再复制出多余的拷贝，最后这些拷贝在自然选择的压力下逐渐演变成了新基因。

再用上面那个家庭做个比喻。在这个家庭中，原先所有的儿子都是健康的，但其中一个儿子业余时间学会了修表，丰年时这个爱好用不上，但如果遇到灾年，这个技能就被发扬光大了。

两个故事的最终结果是一样的，不同的只是过程。日常经验告诉我们，后一种情况也许更加普遍。《科学》杂志刊登的这篇论文就是通过一个巧妙的实验，验证了后一种进化模式不但是可能的，而且速度极快。

研究人员在沙门氏菌中发现了一个基因 HisA，其主要功能是负责制造组氨酸。它还有个次要的功能，能够帮助沙门氏菌合成色氨酸。这两个氨基酸都是沙门氏菌所必需的，但正常情况下色氨酸是由另一个更加高效的基因负责合成的，HisA 只要干好自己的老本行就行了。

实验开始时，研究人员把沙门氏菌中的那个正牌的色氨酸基因去掉，然后把这个细菌放在一个没有色氨酸的环境里培养，此时细菌受到了很大的生存压力，被迫动用 HisA 来合成色氨酸。因为这属于 HisA 的副业，所以合成的速度不够快，HisA 的需求量很大，拥有更多 HisA 的细菌便活得更好些，用生物学术语来说，这就叫适者生存。一个细菌有很多种办法获得更多的 HisA，其中最有效的方法就是多复制几个 HisA 基因的拷贝，而这正是研究人员首先观察到的情形。

换句话说，是先有了新功能，再有了多余的基因拷贝。

之后研究人员继续在无色氨酸的培养液中培养沙门氏菌，这些多余的 HisA 基因拷贝在持续不断的选择压力下继续分化，逐渐进化出了一个全新的基因，专门负责合成色氨酸。

这个实验当中的每一步都是可以留下样本的，通过分析这些样本，研究人员描绘出了这个新基因诞生的全过程，目睹了一个奇迹的发生。

令人惊讶的是，这一过程只用了大约 3000 代就完成了，这说明在选择压力很大的环境下，新基因完全可以通过后一种模式被进化出来，而且进化的速度相当快。

（2012.11.12）

手指泡水后为什么会起皱？

很多人认为手指泡水后表皮的总面积增加，导致手指起皱，新的研究发现上述解释是错误的。

人有很多奇怪的行为是不受主观意志控制的，哆嗦就是其中之一。几乎所有的成年人在突然遇冷的情况下都会不由自主地打哆嗦，想停都停不下来。科学家解释说，哆嗦的本质就是肌肉收缩，通常情况下肌肉收缩是为了做功，产生的热量是副产品，但在哆嗦的时候肌肉收缩本身是没有任何用处的，其目的就是产生热量，帮助身体保暖。这就是为什么几乎所有恒温动物都会打哆嗦，而没有一种变温动物具备这一功能。

如今科学家们已经找到了控制哆嗦的神经中枢，它位于下丘脑后方，接近第三脑室的地方。这个地方负责接收来自身体各处的温度信号，正常情况下处于被抑制的状态，一旦接收到低于正常体温的信号，它便发出指令，让肌肉开始哆嗦。婴幼儿大脑的这部分神经中枢尚未发育完全，他们是不会哆嗦的，代替这一功能的是棕色脂肪，这种脂肪能够燃烧自己，从而产生热量，只不过棕色脂肪产生热量的效率比肌肉低，再加上婴幼儿体积小，表面积和体积之比比成年人大，散热比成年人快，所以做父母的一定要注意婴幼儿的保暖。

另一种很常见的自主行为是打喷嚏。如果鼻腔里进了异物，人是很难控制自己不打喷嚏的，这里面的道理很好懂。但是有一种情况比较特殊，有大约 30% 的人在突然遇到强光刺激时会不自觉地打喷嚏，这是怎么回事呢？

曾经有一种说法认为，我们人类的祖先原本是住在山洞里的，洞内空气污浊，所以一旦走出山洞就要打喷嚏，把呼吸系统里的秽物清除出去。但是这个说法实在是太勉强了，支持者不多。

于是又有人提出了一个新解释，认为这种被称为“光喷嚏反射”的现象是人体生理结构上的一个小毛病导致的，纯属意外事件。这个理论认为，视觉神经和嗅觉神经距离太近了，偶尔会发生“环路交叉”，也就是当眼睛受到强光刺激时大脑得到错误信息，以为受刺激的是鼻子。

问题是，进化为什么会允许这样的错误发生呢？答案也很简单：因为这种错误不会给人类的生存带来任何影响。当然这里指的是古人类，现代人在某些情况下还是要注意的，比如做眼部手术时，以及开车从隧道里走出来的时候都应该事先防范。

最后再来说说手指上的皱纹。大家肯定都有经验，手和脚在水里泡的时间长了都会起皱纹，很多人误以为这是水把手指表面的皮肤“泡开”了造成的。其实这是一个错觉，手上的皮肤不是干海带，不会因为接触水而增大，否则的话，人身体其他部位就都要起皱纹了。

事实上，科学家们早在1930年代就知道这个解释是有问题的，因为手指神经出毛病的人是不会泡出皱纹来的，这就说明皱纹的出现是受神经控制的一种生理现象。具体来说，手指和脚趾均受到自主神经系统（又叫植物性神经系统）的控制，当皮肤在水里泡了一段时间后，自主神经系统便会发出指令，让手指尖和脚趾尖的皮下组织血管收缩，减少体积，而皮肤的表面积是不变的，于是皱纹就出现了。

既然人类进化出一套如此精密的机制制造皱纹，那么皱纹的出现就应该给人类带来某种进化优势才对，但是皱纹能有什么好处呢？科学家们百思不得其解。2011年，美国爱达荷州的一名进化神经生物学家马克·昌吉兹（Mark Changizi）提出了一个假说，认为手指上的皱纹能够帮助人类更好地抓住水中的物体（比如鱼），而脚趾上的皱纹可以帮助人类更好地在水中行走，因为皱纹相当于轮胎的纹线，可以让水更容易顺着沟壑流走，这样就形成了一个负压带，增加了附着力。

为了证明这个假说，英国纽卡斯尔大学进化生物学家汤姆·斯穆尔德斯（Tom Smulders）教授及其同事做了一个实验，并将结果发表在2013年1月9日出版的《生物学通讯》（*Biology Letters*）上。科学家们让志愿者把手放在水里泡了半小时，泡出皱纹，然后对比他们从水中抓取鹅卵石的速度，证明确实比未出皱纹时更快。

值得一提的是，上述三个案例都是由自主神经系统控制的，呼吸、心跳和出汗等重要生理功能也都是如此。这套神经系统自成一体，不需要自主意志的参与，人类之所以进化出这套系统，是因为有些生理功能有百利而无一害，所以干脆将其进化成缺省设置。

这个故事告诉我们，进化才是终极真理，生物进化以一种神秘的方式控制着我们的身体。

（2013.1.28）

无效的遗传信息

并不是所有的知情权都值得尊重，某些遗传信息不但无效，而且还会误导民众。

自从人类基因组计划完成后，DNA 测序的成本越来越低，给生物学研究带来了革命性的变化。不过经常有人借此机会夸大基因的作用，仿佛知道了一个人的基因就知道了他的一切，这个思路是有问题的，应该警惕。

比如，美国耶鲁大学公共卫生学院的杰森·弗莱彻（Jason Fletcher）教授在 2012 年 12 月 5 日出版的《公共科学图书馆·综合》（*PLoS ONE*）杂志上发表了一篇论文，通过分析美国各州烟草税的不同以及居民基因型的差别，得出结论说提高烟草税对于普通人确实有效，但对于携带某一类基因的人则一点用处都没有，人家还是照吸不误。

这篇论文发表后被烟草公司用作反对提高烟草税的武器，他们争辩说，基因的差别可以用来解释政府主导的控烟措施为什么效果越来越差，因为靠提高烟草税来控烟的政策空间已经穷尽了，现在还在吸烟的都是铁杆烟民，他们的基因型决定了他们从尼古丁中获得了比常人高得多的快感，不会被高价香烟吓跑。

针对此种言论，英国布里斯托大学流行病转化学博士研究生苏琪·加戈（Suzi Gage）在《卫报》上发表了一篇文章，指责弗莱彻的论文严重误导了读者。加戈认为，这篇论文采用统计学方法研究控烟与基因型的关系，这个思路没错，但统计的结果因为预设条件的不同可以有多种解读，比如烟草税到底是逐步提高的还是一下子提高的？是否还有其他配套控烟措施？等等。如果不知道这个基因到底以何种方式影响了烟民的选择，那么这个结论很可能就是错误的，无法反映出真实的情况。

退一万步说，即使弗莱彻的结论是正确的，并不能说明提高烟草税对于控烟没有用处。事实上，政府制定的任何一项政策都不可能适用于所有的人，必须从整体效果出发，全面地衡量一项政策的优劣，才能得出正确的结论，仅用基因型来判断好坏是不可靠的。比如在这个案例中，弗莱彻只统计了已经有烟瘾的人，没有把潜在的吸烟者考虑在内。

几天后，弗莱彻教授在《卫报》上做了回应，他说他写这篇论文的目的只是想探讨加税政策失效的原因，完全没有替烟草公司开脱的意思。他坚持认为自己的论文没有大问题，但那个基因导致控烟政策失效的结论是否可靠确实有待进一步检验。

加戈则认为，无论这个结论是否正确都没有太大的意思，因为这只是一个统计概念，从一个人的基因型并不能百分之百地推导出他到底会不会成为瘾君子。再加上基因测序毕竟还是要花很多钱的，成本太高了，不划算，不如用另外一些更准确、更廉价的方法判断他是否天生容易上瘾，然后根据这个指标来制定相应的控烟政策就可以了，没必要测每个人的DNA。比如，曾经有研究发现，如果一个人首次接触酒精后的反应很弱，那么他将来更有可能成为瘾君子。用这个指标对潜在的酒鬼进行预防已经被一些研究证明是很有效的，比测DNA可靠多了。

换句话说，在控烟的问题上，基因属于无效信息，不知道反而更好。这类研究的本意虽然是好的，但是研究结果完全无法应用到实际生活当中去，而且很容易被误读，反而更容易坏事。

2013年1月10日出版的《自然》杂志就举了一个生动的例子。2012年底在美国康涅狄格州发生了枪击案，凶手亚当·兰扎（Adam Lanza）杀死了30名儿童和6名教师。事发之后，康涅狄格州政府的医疗检察官命令康涅狄格大学的科学家对凶手进行基因分析，试图找出他如此残暴的生物学原因。

《自然》杂志为此发表了一篇社论，指出这么做是可以理解的，但没有太大的意义。早在1931年科学家就曾经研究过一个外号叫做“杜塞尔多夫吸血鬼”的杀人犯皮特·库尔滕（Peter Kürten）的脑组织，试图寻找特殊的“杀人结构”，结果当然是没有找到。随着技术的进步，大家又开始相信某些基因可以导致杀人，但即使康涅狄格的科学家们从兰扎身上找到了一个特殊的基因，也完全不可能证明这就是导致他杀人的原因。可一旦这个结果被泄露出去，很可能让那些跟他一样携带有这个基因的人无端遭到歧视，后果不堪设想。

《自然》杂志这篇社论最后得出结论说，基因研究本身没有问题，但必须对研究结果有一个正确的认识，否则就会适得其反。

（2013.2.18）

记忆是如何储存的？

记忆的储存方式，竟然和疯牛病有点关系。

记忆是大脑的核心功能。科学证明，记忆储存在神经突触（Synapses）之中。神经突触是神经细胞之间唯一的连接方式，当外界信息进入大脑后，首先被改变的就是神经突触附近某些特定蛋白质的种类和数量，并由此引发了突触连接方式和连接强度的改变，这一改变被固定了下来，记忆便形成了。

这个模型的问题在于，受外界信号影响而发生改变的那个蛋白质寿命极短，通常几天时间内就会被分解掉，可记忆却能够储存一辈子，这是怎么回事呢？来自美国斯陶尔斯医学研究所（Stowers Institute for Medical Research）的考斯克·斯伊（Kausik Si）教授及其团队通过一个精妙的实验，为这个难题提供了一个合理的解释。

令人惊讶的是，这个答案还和疯牛病有点关系。

现在大家都知道，疯牛病是一种能让牛发疯的传染病。但过去几乎没人敢相信这是一种传染病，因为传染因子不含

DNA 或者 RNA 这类遗传物质，而是纯的蛋白质，太不符合常识了。后续研究发现，疯牛病的传染因子是一种罕见的、能够自我复制的蛋白质，科学家称其为朊病毒（Prion）。简单来说，牛脑内存在两种组分相同但结构不同的朊病毒分子，结构 A 为正常状态，结构 B 为非正常状态，处于 B 状态的朊病毒分子能把 A 转变成 B，转变后的 B 再去改造下一个 A……经过一连串反应后，所有的 A 都变成了 B，疯牛病就来了。

为了便于理解，可以把 A 想象成一个普通纸板，B 则是一个已成形的鸡蛋盒。当 B 压在 A 上面时，会把 A 压成一个凸凹有序的鸡蛋盒 B。若干个鸡蛋盒互相套在一起，形成的一串鸡蛋盒在化学术语上叫作低聚物（Oligmer）。在疯牛病的例子里，这种叠在一起的鸡蛋盒是有害的。在外人看来，B 型朊病毒就相当于一个具有传染性的病原体，当 B 进入健康牛脑后，会把其中的 A 型朊病毒转变成 B 型，最终形成的低聚物破坏了牛脑，让牛发了疯。

再回到记忆储存的话题。斯伊教授很早就发现，一种类似于朊病毒的蛋白质很可能参与了记忆的储存过程，但一直没有确凿的证据，这次他们终于在果蝇身上找到了答案。原来，果蝇神经系统内有一种名为 Orb2 的蛋白质具备朊病毒的一切特征，它既可以单独存在，也可以转变为另一种特殊的（鸡蛋盒）结构。一旦发生后一种情况，它便诱导周围的正常 Orb2 蛋白质发生同样的转变，最终形成一串 Orb2 低聚物。这种低聚物长短不一，结构非常稳定，不易被分解，可以在果蝇体内存在很长的时间。

研究人员首先测量了 Orb2 低聚物的分布和浓度，发现它和神经刺激存在很强的相关性，哪里有刺激，哪里就会出现低聚物，刺激越强，低聚物的长度就越长，因此也就越稳定。接下来，研究人员筛选出一种基因变异的果蝇，其 Orb2 蛋白质发生了一个细微的变化，没法再形成低聚物了。这种果蝇体内的 Orb2 单体浓度和正常果蝇没有差别，却失去了长期记忆的能力。

也许有人会问，果蝇还有长期记忆吗？答案是肯定的。举例来说，雄性果蝇如果遇到一只已交配过的雌蝇，一开始仍然会做出求偶动作，但几次之后它就吸取了教训，不再浪费时间了。这种记忆力通常能维持好几天，但 Orb2 突变果蝇的记忆只能维持 24 小时，48 小时后它便忘记了，又重新开始徒劳地追求那只雌蝇。

斯伊教授将研究结果写成论文发表在 2013 年 2 月 3 日出版的《细胞》（*Cell*）杂志上。该文指出，记忆之所以能长期储存，就是因为动物的神经系统中存在着一类与朊病毒非常类似的蛋白质，能够在没有 DNA 或者 RNA 的情况下做到自我复制，从而将自身特性一直延续下去，并指导神经细胞维持某个特定的突触连接方式。这类“自补型”蛋白质统称为“胞浆多腺苷化序列元素绑定蛋白”（CPEB），果蝇中的 Orb2 就是其中的一种。

有趣的是，这个实验不但为记忆的储存方式找到了一个合理的解释，而且还为很多神经系统疑难杂症找到了一个合理的病因。事实上，大家熟悉的阿尔茨海默病、帕金森病、亨廷顿病和克雅氏病等神经性疾病都与某个朊病毒蛋白的失控传播有关系。也许正是由于记忆的需要，使得人类的大脑为朊病毒蛋白的传播提供了一个肥沃的土壤，最终导致了这类疾病的蔓延。

（2013.2.20）

缺觉伤基因

睡眠不足不但会让你感到疲乏，还会影响你的基因活性。

小王大学毕业后被一家大公司录用，压力非常大，经常需要把白天没有做完的工作拿回家做，不过好在有互联网，在家办公很方便。但这样一来就挤占了小王的娱乐时间，好不容易在 12 点前忙完工作，上床睡觉前一定要看一集美剧，再刷一下微博，往往要熬到快 2 点才能关灯入睡。因为家离单位远，小王早上 7 点多就得起床赶地铁，算下来小王每天真正用来睡觉的时间只有五个多小时，白天常常犯困，只能不停地喝咖啡提神。这样的日子过了一年多，年纪轻轻的小王就得了失眠症，甚至有了高血压的迹象。

这样的情况不陌生吧？事实上，互联网时代的快节奏生活让很多人的睡眠质量大大降低，仅在美国就有 5000 万～7000 万人患有不同程度的睡眠障碍。研究表明，长时间睡眠不足或者睡眠质量不高将会增加得高血压、糖尿病、肥胖症、抑郁症、心脏病和中风的风险，每天只睡不到 5 个小时的人群的死亡率比睡眠正常的人群高 15%。

问题是，睡眠不足究竟以何种方式导致了上述这些健康问题呢？这方面的研究很不深入，很多细节尚不清楚。英国萨里大学睡眠研究中心（Surrey Sleep Research Centre）主任德克－扬·迪克（Derk-Jan Dijk）教授决定从基因入手，研究一下缺觉的人体内的基因活性是否发生了变化。

研究人员找来14名男性和12名女性志愿者，这些人年龄在23～31岁之间，身体健康，睡眠情况正常。第一周，志愿者们每天只准在床上躺6个小时，平均下来每天只能睡5小时42分钟。过一段时间后志愿者再次来到研究中心住上一周，不过这一次他们每天花10个小时躺在床上，平均每天真正入睡的时间为8.5小时。研究人员分别提取了不同睡眠情况下志愿者们的血液样本，并对其中血细胞的基因活性进行了一次全面的对比分析。

分析结果让科学家们大吃一惊，不到3个小时的睡眠时间差别已经足以给志愿者血细胞的基因活性带来极为显著的影响。具体来说，缺觉状态下志愿者血细胞中有444个基因的活性受到了不同程度的抑制，另有267个基因的活性反而提高了。也就是说，一共有超过700个基因的活性受到了缺觉的影响。要知道，人体一共只有不到3万个基因，700个基因算是很多了。

进一步分析显示，这些基因涵盖了很多方面，包括新陈代谢、免疫调节、应对压力和调节生物钟等多个与人体健康密切相关的领域都受到了影响。其中与生物钟有关的基因变化很值得注意。已知人体内一共有 1855 个基因与生物钟有关，这些基因的活性具备明显的 24 小时周期。正是因为这些基因活性的周期性波动，我们才会感觉到有个生物钟在控制我们的行为。迪克教授及其团队分析了志愿者体内这 1855 个基因的波动情况，发现有将近 400 个基因停止了这种周期性波动，这正好解释了为什么缺觉的人反而会失眠，因为他们体内的生物钟基因被打乱了。

迪克教授将研究结果写成论文，发表在 2013 年 2 月 25 日出版的《美国国家科学院院报》上。“我们对实验结果感到非常震惊，没有想到缺觉能带来如此巨大的影响。”迪克教授在评价这篇论文时说道，“这个结果说明，缺觉除了使你感到疲劳之外，还有更多的潜在的害处。”

接下来一个很自然的问题是：缺觉导致的基因活性变化需要多长时间才能恢复正常呢？可惜这篇论文没有涉及这一点，这将是迪克教授及其研究小组的下一个目标，让我们拭目以待吧。

那么，这个实验对于那些天生就觉少的人有什么影响呢？英国拉夫堡大学（Loughborough University）睡眠研究中心的吉姆·霍尔内（Jim Horne）教授认为，如果你每天只睡 6 个小时就足够了，那么你不必过分担心。事实上，因为社会上一直在宣传“8 个小时睡眠有益健康”的概念，不少人反而患上了“睡眠不足忧虑症”，老是担心自己没睡够。

这种担心毫无必要，只要你第二天早上精力充沛，就说明你睡够了，不必非得睡满 8 个小时。

（2013.3.18）

疯狂原始人

原始人比我们想象的更加疯狂，如今看上去很原始的地方很可能早就被他们修理过了。

国际自然保护联盟（International Union for Conservation of Nature）是目前全世界最大的环保联盟，他们早在半个世纪前就整理过一份全球濒危动植物名录，多年来一直是各国环保组织的工作指南。半个世纪过去了，效果怎么样呢？根据他们自己的说法，效果很不理想，哺乳动物、鸟类、两栖动物和珊瑚等重点关注的物种自1980年之后种群数量都在下降，情况越来越糟糕。

当然，如果没有这份名录的话，情况也许更加糟糕，这一点我们无从知晓。但严峻的形势让国际自然保护联盟开始反省，自己有没有做错什么呢？

让我们追溯到50年前，当时国际自然保护联盟制定这份名录的出发点有两个，第一是保护濒危物种，第二是让地球生态系统恢复到人类文明之前的原始状态。但是该组织经过这五十多年的实践后，认为第一个目标是错误的，濒危物种之所以濒危，主要原因是它们所处的生态环境遭到了破坏。比如大熊猫之所以差点灭绝，不是因为它们天生不适应环境，而是因为它们的栖息地没了。所以，应该把工作重心放到保护栖息地上来，而不是单纯地强调保护某个物种。

至于说第二个目标，如今有越来越多的证据显示这是根本不可能做到的，因为人类活动很早就影响到了地球环境，所谓“原始状态”早就不存在了。考古学界曾经有一个说法，认为原始人对环境的破坏力有限，直到100年前才有20%的陆上生态系统被改变了。但是，美国马里兰大学地理学家厄尔·埃利斯（Erle Ellis）最新的研究显示，人类早在5000年前就已经达到了这个水平。

埃利斯教授将研究结果写成论文，发表在2013年5月14日出版的《美国国家科学院院报》上。论文指出，自从原始人学会了用火来捕猎后，地球生态系统就遭了殃。湖底淤泥钻芯研究的结果显示，其中的木炭分子浓度早在6万年前就达到了顶峰，正好和人类第一次学会了火攻的年代相吻合。后来人类又学会了刀耕火种，也就是先将森林烧光，开辟出土地用来种庄稼，于是剩下的森林也被火烧了一遍。

由于这个原因，8000年前的人均碳足迹就已经达到了1吨左右，现在的这个数字也只是2吨～3吨而已。工业革命发生之前的大气二氧化碳浓度就已经比过去提高了20～30PPM（百万分之一），这相当于提高了10%。虽然这个数字比起工业革命导致的120PPM的增幅要小了不少，但已经足以触发全球气候变化了。

由此看来，原始人比我们想象的要疯狂得多。

好在原始人数量有限，5000 年前地球总人口据估算只有几千万人而已。否则的话，按照当时的生产力水平，地球生态系统早就崩溃了。不过，繁衍是人类的天性，人口数量总是会持续增加的，直到生态系统承受不了人口压力而崩溃了为止。这样的事情历史上发生过很多次，玛雅人就是一例。但是，人类的总数一直增加到了现在，说明还是有很多民族克服了自然条件的限制，成功地繁衍至今。他们靠的是什么呢？答案就是科学技术。根据埃利斯教授的计算，如今西欧各国的人均土地需求量是 2500 年前的 1/6，而东南亚地区的人均土地需求量更是连 2500 年前的 1/10 都不到。科学技术的发展极大地提高了人类利用自然资源的效率，终于把地球从我们的疯狂祖先手中救了出来。

这个发现对于今天的人类来说有什么借鉴意义呢？埃利斯教授认为，这个结论一方面说明科学能够帮助我们更好地应付大自然的挑战，人类不必太过悲观。另一方面也说明很多旧的环保概念已经过时了，必须改变。比如，所谓“原始森林”很可能早已不存在了，当今大多数看似很原始的森林其实都是在废墟上重新生长起来的，“回到原始状态”这个曾经被当作环保黄金标准的奋斗目标是没有意义的。

国际自然保护联盟认同了这个看法。不久前该组织推出了新版的环保名录，不过这不是濒危动植物名单，而是列出了各个单独生态系统的现状。该组织不再认为所有生态系统都能够恢复到“原状”，而是应该根据它们的现状，制定出相应的保护措施。有的状况很好，近期也无危险征兆，就不必花钱去保护，比如委内瑞拉的平顶山。有的已经彻底被毁了，也没有必要花钱去保护，比如中亚地区的咸海。如果硬要花钱不是不可以恢复原样，但这么做需要花太多的钱，还不如将这笔钱用在别的地方。

别小看这个改变，它表明国际自然保护联盟的环保基本原则发生了变化。他们不再单纯地要求将大自然恢复“原状”，而是从人类的实际需要出发，以提高人类生活水平为宗旨，在科学的帮助下，主动地设计环保路线，使之更好地满足人类的长久需要。

（2013.6.3）

痒因新解

现代科学正在逐步揭开“痒”的秘密。

“痒”是一种很微妙的生理现象，轻的时候让人愉悦，重的时候让人抓狂，但在大多数情况下，即使皮肤瘙痒难耐，似乎仍然不如“疼”那么严重，所以一直没能引起医生们的足够重视。

中医认为皮肤瘙痒多因肝旺血虚所致，因为中医相信风从内生，风动作痒。《诸病源候论》认为每当体虚受风时，“风入腠理，与血气相搏，邪气微，不能冲击为痛，故但瘙痒也”。换句话说，中医相信痒只是一种轻度的疼。

现代医学曾经也是这么认为的，但和中医不同的是，研究现代医学的科学家们相信任何结论都必须有证据支持，否则就要存疑。于是，科学家们利用手中掌握的先进的研究方法和手段，通过做实验来验证上述说法是否属实。

首先，科学家们通过实验知道疼和痒等各种感觉是通过神经细胞传递到大脑中去的，如果把神经纤维切断，所有感觉都会消失。其次，科学家们发现小鼠的中枢神经系统中有一类神经细胞专门负责传递痒的信号，这类神经细胞表面带有“促胃液激素释放多肽”（Gastrin-releasing Peptide，简称GRP）的受体，负责感知周围环境中GRP的存在。如果通过遗传工程的办法把小鼠体内的GRP统统去掉，小鼠就不会再感到痒了，但却仍然有疼感和烫感。反之亦然，如果用人工方法刺激GRP受体神经，小鼠就会像疯了一样拼命挠痒痒，停都停不下来。

做出这个发现的是美国华盛顿大学医学院的陈宙峰教授，他将研究成果写成论文，发表在2007年出版的《自然》杂志上。这是全世界第一个被发现的痒基因，具有划时代的意义。2009年，陈教授再次发表论文，进一步证明负责传递疼痛信号的神经回路与负责传递痒感觉的神经回路完全不同。这两篇论文正式宣告了前文提到的中医理论是不正确的，痒不是轻微的疼感，而是一种独立于疼感之外的感觉。

我曾经于2009年介绍过陈宙峰教授的研究成果，没想到仅仅过去了四年，陈教授的结论就已经过时了。位于美国马里兰州贝赛斯塔的美国国立口腔与颅面研究所的两位科学家马克·胡恩（Mark Hoon）和桑托什·米施拉（Santosh Mishra）在2013年5月24日出版的《科学》杂志上发表了一篇论文，证明GRP不是触动痒感觉的初始分子。

原来，陈教授的两篇划时代的论文发表后，胡恩和米施拉便一直试图在脊柱之外的周围神经系统中寻找GRP存在的迹象，却一无所获。与此同时，另有几名科学家也在从事同样的工作，他们也都没能取得任何进展。于是胡恩和米施拉猜测GRP很可能只存在于中枢神经系统中，因此不可能是痒的触发物质，真正触发皮肤痒感觉的另有其物。

经过艰苦的努力，两人终于找到了这个分子。这是一种被称为B型利钠多肽（Natriuretic Polypeptide B，简称NPPB）的化合物，它是一种神经递质，可以触发带有NPPB受体的神经细胞，使其发出痒的信号。人工注射NPPB能够诱使小鼠不停地挠痒痒，但如果用一种拮抗剂阻断小鼠体内的NPPB的活性，小鼠就会完全失去对痒的感觉，但它对疼和烫的感觉依然存在，没有受到影响。

需要指出的是，这个结果并不意味着GRP没用。胡恩和米施拉尝试过去掉小鼠体内的GRP，再注射NPPB，结果小鼠不再挠痒痒了。于是两人得出结论，GRP相当于中枢神经中的二传手，它接收了NPPB回路传递过来的痒信号，再将其传导到大脑中，使小鼠感到痒痒。

那么，科学家们为什么会对痒的机制那么感兴趣呢？原来，至少有几十种疾病能引起瘙痒，如果知道了痒的成因，也许就可以找出解决办法。另外，并不是所有的瘙痒都能够依靠简单的抓挠来解决，比如晚期癌症病人如果使用吗啡镇痛的话，浑身上下都会出现严重的瘙痒感，非常难受，这就是为什么很多病人宁愿生活在疼痛之中也不愿意使用吗啡来镇痛。如果科学家能够找到传递痒感觉的神经信号，并想办法阻断它，也许就能解决这个问题，提高癌症病人的生活质量。

（2013.6.10）

心脏为什么长在左边？

人体大部分内脏器官的分布是左右不对称的，这是如何做到的呢？

“出门向左转，沿着大街一直向前走就到了。”

这是一句很常见的指路语，我们每个人大概都说过。可是你有没有想过，对方是如何知道哪边是左的？

这不是抬杠，而是发育生物学必须回答的一个很重要的问题。众所周知，所有高等动物都始于一只受精卵，我们可以把它想象成一个圆球，没有左右之分。之后这个受精卵开始分裂，形成复杂的胚胎。人类胚胎发育前期都是左右对称的，直到第六周的时候，未来将会发育成心脏的那根管子才开始向左弯曲，然后胃和肝脏分别向身体中轴线的两侧漂移，大肠则在右侧长出一个阑尾，再后来肺部也分出了左右，右肺长出三个肺叶，左肺只长出两个。但是，肾脏和女性卵巢等少数器官却没有区别，依然左右对称。

这个过程听上去很简单，可是这些不同的器官是如何知道自己该往哪里长的呢？答案比你想象的要复杂得多。

从数学上讲，任何一个三维物体的前两维都是不需要参照系就可以建立起来的。让我们想象一个圆球，随便找出一点当作头，对应的部位就是尾，这很容易理解。接下来，我们再任意找出一点当作正面，对应的一侧就是反面，这也毫无问题。但是第三维就不那么容易建立了，如果没有参照系的话，我们是无法确定左右的。

为了说明这一点，请把自己想象成一个圆球，身处一个左右完全对称的物体内，请问你将如何知道自己是在左侧还是右侧呢？事实上，如果没有其他参照物（比如自己的手）的话，这是一个不可能完成的任务。

别小看这个问题，对于一个正在发育阶段的胚胎来说，这可是个大麻烦。如果一个胚胎内的细胞分不清左右，只能随机地选择身份的话，那么我们人类将有一半心脏在左，另一半心脏在右。事实显然不是这样，这说明胚胎细胞以某种神秘的方式判断出了自己所在的位置。

当然了，科学是不承认“神力”的，既然大部分人的心脏长在左侧，这就说明生命找到了一个合适的参照系。

化学家们发现，自然界存在一类“手性分子”，它们完全可以为左右之分提供一个初始参照系。世界上最简单的手性分子就是以碳原子为中心的氨基酸，它很像一座金字塔，碳原子就是位于塔心的法老陵墓，通过四个化学键分别连着金字塔的四个角，每个角上各有一个不同的原子团。这四个原子团的排列方式有两种，互为镜像，彼此不能重叠。区分这两种分子最直观的方法就是让它按照一定规则旋转起来，你立刻就会发现两种分子的旋转方向是不同的，一个顺时针，一个逆时针。

氨基酸是生命最基本的结构单位，已知地球上的所有生命使用的氨基酸都是左手性的，很可能就是这些氨基酸提供了最初的参照系。事实上，人类胚胎发育过程中的左右之分正是通过旋转的方式确立的。

研究发现，在人类胚胎发育到第六周之前，虽然看上去仍然是左右对称的，但实际上胚胎左右两边的分子构成已经出现了差异，而这种差异是由一个名为“节点”（Node）的小装置实现的。它就像一个小坑，位于胚胎的中轴线上。坑内有几百个微小的纤毛，以每秒大约 10 圈的速度顺时针转动。这个小坑并不是垂直向上的，而是向胚胎的尾部倾斜。于是，随着纤毛的转动，胚胎细胞周围的液体便开始从右向左流动，导致左右两侧出现了差异。事实上，日本科学家 2012 年在《自然》杂志上发表过一篇论文，发现只需要两根纤毛的转动就足以导致胚胎左右不对称了。

此后发生的事情存在两个理论。著名数学家阿兰·图灵（Alan Turin）早在 20 世纪 50 年代就提出过一个形态发生理论（Morphogen Theory），该理论认为纤毛的转动导致胚胎左右两侧的蛋白质浓度从高到低出现了一个梯度，正是这个浓度梯度决定了左右两侧发育情况的不同。

这个理论存在了半个多世纪，甚至被写进了胚胎学教科书。但是近年来不断有人挑战这个理论，比如新加坡南洋理工大学的苏迪普托·罗伊（Sudipto Roy）博士在 2013 年 5 月 29 日出版的英国皇家学会《开放生物学》（*Open Biology*）杂志上发表了一篇论文，提出“节点”周围的纤毛能够直接感知到液体的流动，不需要蛋白质的浓度梯度就足以触发左右两侧的不对称发育。

研究不对称发育的机理除了理论上的意义外，在临床上也有价值。我们都听说过“反转人”（Situs inversus），他们体内的脏器位置和正常人正相反。如果全部脏器都反转了倒也没有问题，可不少人发生了不完全反转，也就是心脏和其他脏器的步调不一致。一旦出现这种情况，病人很可能有生命危险，必须提早预防。

（2013.7.1）

理性思维也靠不住了

人类的思维方式不够完美，政治家们必须认清这一点，在制定政策的时候做出适当的调整。

经济学界有个“芝加哥学派”，他们相信每个人在做选择的时候都是非常理性的，一定会做出对自己最有利的决定，所以政府不应干涉个人自由，让老百姓自由选择自己想要的生活方式。

这个学派在经济学界很有影响力，是“新自由主义”的理论基础。不过一直有人质疑这个理论，指责其过分高估了人类的判断力。反对者中包括很多心理学家，他们通过大量研究证明，人的头脑中存在两套系统，一套系统基于本能或者直觉来做决定，其优点是反应速度快，缺点是不靠谱，经常会犯错误。另一套系统基于逻辑和思辨，也就是所谓的“理性思维”，这套系统反应速度慢，但优点是出错的概率低，比较可靠。

几乎所有人的头脑中都是两套系统并存的，这就决定了人类不可能总是做出对自己最有利的决定。比如大部分人都知道抽烟有害健康，或者年轻时不存点钱老了会后悔，但有很多人就是戒不掉，或者糊里糊涂地做了“月光族”。

那么，有没有可能改变老百姓的思维习惯，叫大家都依据理性来做决定呢？这招也许可行，但是有越来越多的心理学研究证明，甚至连理性思维也是靠不住的。美国宾州沃顿商学院的实验心理学家艾尔伯特·曼尼斯（Albert Mannes）教授在2013年5月30日出版的《心理科学》（*Psychological Science*）杂志上发表了一篇论文，得出结论说人类总是更倾向于相信自己的判断，对自己的无知程度估计不足。

很早就有人提出过上述观点，但一直缺乏可靠的证据。以前有人做过实验，让志愿者对某个不熟悉的事情进行猜测，只要答案在10%的误差范围里就算合格。但曼尼斯认为这样的实验不符合实际情况，因为很多人在做决定的时候对于出错的方向都是有偏向性的，比如某人要去赴一个重要约会，迟到比早到的危害性大得多，所以他会对路上交通情况做出更加悲观的预判。

于是，曼尼斯教授改进了实验方案。他找来一批志愿者，让他们判断历史上某一天费城的最高气温，判断对了就给予一定的奖励。第一天先不分正误，只要答案误差率在10%以内就给奖。第二天修改规则，只有判断正确或者误差不高于某个百分比的才能获奖。第三天反过来，只有判断正确或者误差不低于某个百分比的才能获奖。于是，在后两天的实验中，志愿者纷纷对自己的判断做出了相应的调整，这是预料中的事情。

但是，这些调整远远不够，距离最佳选择差得很远。于是曼尼斯教授得出结论，人类存在严重的认知偏见，他们过于相信自己头脑中已有的知识，严重低估了自己的无知程度。

理性思维的基础就是知识，如果知识都是错的，那思维的结果也就可想而知了。如果理性思维都是靠不住的，那一个人所做出的决定更不可能是对自己有利的了，芝加哥学派的根基也就不存在了。

芝加哥学派的理论曾经被很多政治家奉为金科玉律，但无数历史事实证明他们都错了。来自芝加哥学派的老巢——芝加哥大学的两位学者理查德·泰勒（Richard Thaler）和卡斯·桑斯坦（Cass Sunstein）曾经合写过一本名为《轻推》（*Nudge*）的书，指出了错误的根源。他们认为，政策的制定也是需要有科学证据的。无数证据表明，人类的思维方式存在先天障碍，所以经常会做出不利于自己的决定。这种障碍是固化在基因里的，很难被改变。因此，一个聪明的政治家应该学会使用"轻推"的方式来推广新政，而不是强迫老百姓改变自己的选择。

比如，他们认为通过颁布禁令或者加税等方式施政是很难获得成效的，但是如果能在不剥夺老百姓自由选择权的基础上，通过某些巧妙的方式间接地影响民众，往往会收到奇效。举例来说，1999年阿姆斯特丹国际机场的男性小便池底部出现了一个苍蝇的图案，结果小便池外的污渍大大减少，当年的厕所清洁费因此而减少了80%。再比如，以前很多美国民众不愿意加入退休保险计划，自从美国政府将加入的方式从填表加入改为缺省设置（只有退出才需要填表）后，这个千古难题终于解决了。

提出这个方案的正是《轻推》一书的作者桑斯坦教授，他接受了奥巴马的邀请，担任了“白宫信息与监管事务办公室”（OIRA）主任。英国首相卡梅伦也是这本书的拥趸，他当选后立即组建了一个“轻推部”（Nudge Unit），试图把这个理论付诸实践。这个部门采取的一项措施就是给每位欠税者写信，不是逼他们补税，而是告诉他们，邻居们都已经按时缴纳了税款，结果英国人的缴税率从68%提高到了83%。

（2013.7.8）

为什么每个人喜欢的音乐都是不同的？

音乐本身虽然很抽象，但人类对音乐的感觉却是很具象的。一个人到底喜欢什么样的音乐，和他此前的个人经历密切相关。

音乐圈曾经有个说法，叫做“音乐无国界”，现在看来，这只是某些人的一厢情愿罢了。无数事实证明，音乐是有国界的，大部分非洲人对欧洲古典音乐完全无感，而大部分亚洲人都会觉得以打击乐为主的非洲音乐太单调了，不好听。

事实上，音乐不但是有国界的，而且还是一种极端个人化的体验，前段时间围绕 Beyond 乐队的争论就是明证。同样一支乐队，有的人狂热地喜欢，有的人却无动于衷，这是为什么呢？

神经生物学为这个问题提供了部分答案。加拿大麦吉尔大学神经生物学研究所的瓦洛里·萨利姆普尔（Valorie Salimpoor）博士和他的同事们运用“功能性磁共振成像技术”（fMRI）对 19 名受试者进行了音乐口味测试实验，并将结果写成论文发表在 2013 年 4 月 12 日出版的《科学》杂志上。

这 19 位受试者中有 9 位男性，10 位女性，研究人员先让他们分别聆听60段音乐，然后采用竞拍的方式为每段音乐定价，最后出钱购买。这些音乐都是受试者以前从没听过的，每段持续30秒钟。受试者最终要从自己的口袋里掏出真金白银，不是假钱，实验程序和在音乐网店里买唱片的过程非常像，以求最大限度地接近实际情况。

唯一不同的是，受试者在整个过程中都要接受fMRI扫描，这种技术可以让科学家实时地知道受试者哪部分大脑最活跃，活跃的程度也可以被精确地定量，于是科学家们就可以知道当受试者聆听并最终选择某段音乐时，他们的大脑中究竟发生了什么。

首先，大脑中的伏隔核（Nucleus Accumbens，又名阿肯伯氏核）与受试者对一段音乐的喜爱程度直接相关，大脑中只有这一部位的活跃程度和受试者为每段音乐的出价成正比，其他部位则没有这样的对应关系。伏隔核是“奖赏回路”的核心，哺乳动物进化出这个“奖赏回路”是很有必要的。大部分对于生存有关键作用的行为，比如进食行为或者性行为，都可以直接刺激“奖赏回路”，让哺乳动物产生满足感，只有这样才能让哺乳动物继续做下去。

这个结果说明，一个单音本身虽然没有任何意义，但一连串单音按照某种模式排列起来（这就是音乐的基本定义），却可以像食物或者性那样，作为一种“奖品”直接刺激人类大脑中最基本的“奖赏回路”。所以说，音乐和食物一样，属于人类的本能行为，这大概就是绝大多数人都喜欢听音乐的原因。

其次，研究人员还发现，受试者到底愿意为某段陌生音乐出多少钱，和听觉皮层（Auditory Cortex）本身的活跃度并没有直接的关系，而是和听觉皮层与伏隔核之间的神经连接强度高度相关。受试者出价越高，两者之间的神经连接就越活跃，研究人员甚至可以从后者推测前者，猜中的概率非常高。

听觉皮层储存着一个人这辈子听到过的所有声音信息，以前有研究显示，如果某段音乐曾经让受试者产生过愉悦感，那么当他再次听到这段音乐时，听觉皮层就会向伏隔核发出信号，再次让受试者产生满足感，这就是为什么很多人喜欢听老歌的原因。本次研究虽然用的都是陌生的音乐，但其基本声音元素都是受试者所熟悉的（比如某种节拍或者某种特殊唱法等），受试者很容易产生联想，并对陌生音乐产生某种预期。也就是说，如果新音乐唤醒了受试者记忆深处的某种愉悦感，或者正好满足了受试者对下一个音符的预期，就会刺激伏隔核，让受试者再次产生满足感。

总之，这个实验说明，虽然音乐本身千变万化，但每位受试者在决定购买某段音乐时，其大脑的兴奋点都是一样的。受试者是否喜欢某段音乐，和受试者的听觉皮层有关系，一段音乐之所以会让受试者感到愉悦，是因为它激发了听觉皮层向伏隔核发出信号，从而激活了受试者大脑中的“奖赏回路”。

换句话说，只有和受试者过去的聆听经验相吻合的音乐才有可能作为“奖品”，刺激受试者的神经中枢，让他产生愉快的感觉。每个人的生活经验都是不同的，这就是为什么每个人喜欢的音乐都是不同的。

（2013.7.15）

人的相貌是如何决定的？

人的相貌是由基因决定的，但到底是哪些基因呢？

世界上有没有两个长得完全一样的人呢？截止到目前，答案是否定的。即使是同卵双胞胎，长相也会有微小的差异，仔细看都能找出差别。

那么，人的相貌到底是如何决定的呢？一个简单的答案是：基因。从大的方面来看，这个道理很容易理解。同一个家庭的成员，或者同一个族群内部的个体，因为基因相似，往往有着相似的外貌，比如东亚人的单眼皮，或者非洲人的厚嘴唇等。这些特征有着明显的家族或者种群差异性，很容易分辨。

但是，从小的方面看，同一个族群的不同成员之间的相貌也有细微差别，比如鼻子的高低，眼睛的大小，以及五官之间的相对位置等。这些细微变量以及它们的各种排列组合的总数是惊人的，否则很难解释为什么全世界 70 亿人当中竟然找不出两个长得完全一样的人。问题在于，人类只有不到 3 万个基因，其中直接负责脸部结构的基因更是少得可怜，它们当中大部分还是和某些遗传病有关的，比如唐氏综合征患者特有的脸型。除此之外，负责健康人相貌的基因数量非常少，根本无法解释为什么每个人都长得不一样。

所以说，决定人类相貌的不仅仅是基因，而是整个基因组。

所谓基因组，指的是人类23对染色体上的所有DNA序列，基因只是其中负责编码蛋白质的DNA片段而已，它们的总长度加起来只占人类基因组总长度的2%。换句话说，人类基因组当中有98%的片段都不直接编码任何蛋白质，因此曾经被科学家称为“垃圾DNA”。后续研究发现，它们并不都是没用的垃圾，其中含有大量具备调控功能的DNA片段，这些片段就像电灯开关，负责启动和调整基因的功能。

如今该领域已经成为基因组研究的热点，因为这些调控基因是很好的药物靶点，也是解开很多生命之谜的关键所在。美国劳伦斯伯克利国家实验室（Lawrence Berkeley National Laboratory）的科学家艾克索尔·维瑟尔（Axel Visel）博士就是其中之一。他和同事利用小鼠作为实验对象，找出了决定人类相貌的原因，论文发表在2013年10月25日出版的《科学》杂志上。

作为哺乳动物，小鼠脸型的发育过程和人类非常相似。维瑟尔及其同事决定从小鼠胚胎入手，找出所有与脸部发育有关的增强子（Enhancer）。增强子是基因组中特定的一些

DNA 片段，能够有针对性地调控基因的功能。最终研究人员一共找到了 4399 个与脸部发育有关的增强子，其中一部分增强子属于基因开关，比如可以让某个基因只在鼻子上发挥功能，却在面颊上失效；另一部分增强子则可以联合起来调控各个基因的活性，从而调整脸的各个部分的比例。

这个结果说明，虽然负责脸部发育的基因总数很少，但负责基因功能的调控因子的数量却非常多，正是由于这些调控因子的存在，才使得不同小鼠之间的长相各不相同。

为了进一步证明这一点，研究人员还通过基因工程的手段培育出一种转基因小鼠，其体内有三个增强子被去掉了。结果这批小鼠的相貌全都发生了细微但却统一的变化，可以很容易地和对照组区别开来。

从进化的角度来看，这种调控方式是非常聪明的。基因是生物最重要的资源，轻易改变不得。用增强子的方式来调控，让小鼠不用改变基因本身，就可以单独地调整脸部各个部分的比例。

最后，研究人员测量了这些增强子的 DNA 序列，发现它们中的大多数都可以在人类当中找到同源序列，这说明人类很可能也和小鼠一样，是通过增强子来控制相貌的。人类基因组中的基因总数虽然很少，但增强子的数量可以非常多，这就是人的相貌会如此不同的主要原因。

也许有人会说，既然已经搞清了相貌的秘密，将来就可以通过人工干预的方式生出漂亮娃娃了吧？其实这项研究恰恰说明这个方法几乎是不可行的，因为决定相貌的因素实在太多了，人工干预太麻烦，几乎没有实现的可能。

既然如此，为什么还要研究这个问题呢？原来，很多增强子同时也会参与其他基因的功能调控，相貌本身虽然和健康无关，但另外一些基因的影响可就大了，这就是为什么大多数人喜欢找漂亮的配偶，因为这往往代表着他们具有好的基因。科学家希望通过研究相貌的成因，找出不同相貌特征和健康之间的关系，然后通过相貌来诊断疾病。

（2013.11.25）

性别与性格

最新研究结果显示，男人和女人的大脑结构确实存在差异，两者的神经连接方式明显不同。

几乎所有加在人身上的标签都必须谨慎使用，否则一不小心就会有歧视的嫌疑，比如肤色、出身、血型和星座等，这些概念单纯用来做形容词也许没问题，但绝对不能以此为标准把人分成三六九等，否则肯定吃官司。只有性别是个例外，大部分情况下我们都心安理得地依照性别来把人分成男女两类，从体育比赛的分组到相关法律的制定都会对男人和女人区别对待，无人对此提出过异议。

问题是，上述的区分主要是指生理上的差别，男人和女人在心理上有没有差异呢？这就不好说了。虽然几乎所有人类社会都认为男女性格有差异，西方人甚至把前者安排到了火星，后者送到了金星，但这方面一直缺乏过硬的科学证据，谁也不敢下定论。

2013 年 12 月 2 日出版的《美国国家科学院院报》刊登了由美国宾夕法尼亚大学放射学系副教授拉吉尼·维尔马（Ragini Verma）博士及其同事们撰写的一篇论文，首次提出了看起来很有说服力的证据。研究者通过一种名为“磁共振弥散张量成像”（Diffusion Tensor Imaging）的技术，绘制出了大约1000名男女志愿者大脑各部位之间的神经连接分布图，从中发现男人和女人的大脑结构虽然没有火星和金星的差别那样大，但确实存在明显的差异。

具体来说，这种技术可以测量大脑中水分子的流动情况，从而间接地衡量出神经细胞之间信号通讯的强度和方向。研究人员招募了428名男性和521名女性志愿者，他们全都身体健康，年龄从8岁到22岁不等，然后运用这项技术研究了志愿者的大脑，并汇总了不同性别和年龄段的数据，绘制出不同人群的大脑神经连接分布图。

这是迄今为止最大规模的类似研究，维尔马教授希望从中看出男女两性在大脑结构方面存在的差异。结果显示，女性大脑的左右连接比例较高，男性则正相反，前后的连接更多一些，只有一个部分例外，那就是小脑，男性在这个部位的左右连接也是比较多的。已知大脑的前半部分主要负责指挥四肢的运动，后半部分负责控制知觉系统，比如视觉和听觉等，前后大脑连接紧密这个现象很好地解释了男人的运动能力为什么比女人强。另外，已知小脑也和运动能力密切相关，也许这就是为什么男人在这个部位的左右连接比女人发达。

大脑的左右两半球也是有分工的，左脑一般负责逻辑思维，右脑则更擅长直觉思维。女性在左右半球之间的神经连接比男性多，这个事实很好地解释了为什么女人比男人更擅长社交，记忆力也比男人好，而且善于一心多用。

从进化论的角度看，这个结果是有道理的。我们的祖先在很长一段时间内都是有分工的，男人负责出去打猎，自然需要灵巧的身体和专注的精神；女人负责采集野果并在家照顾孩子，或许在这一过程中完善了“多任务模式”和社交才能。

男女大脑之间的这种结构差异和年龄有着密切的关系。研究显示，两者在 13 岁之前大体相似，看不出明显差别。14 ～ 17 岁这个年龄段开始分化，最终形成了两类不同结构的大脑。这个结果说明男女性格的差异是在青春期这段时间里形成的，很可能与荷尔蒙的变化有关。

这篇论文发表后引起了诸多争议，维尔马教授坚持认为该项研究的主要目的是为了帮助医生们找到男女精神疾病的治疗方法，因为不少疾病存在性别差异，比如自闭症在男性中的发病率远比女性要高。但是媒体记者们显然不这么认为，大家一致把话题引到了男女性格的差异上，似乎该研究为“男人来自火星，女人来自金星”这个著名论断找到了科学根据。

不过，也有一些人提出了反对意见，比如英国《卫报》的科学编辑罗宾 · 麦基（Robin McKie）就专门为此事撰文，指出该研究只是说明男女大脑结构存在差异，没有说明这种差异到底是因还是果。麦基认为男女性格的差异只有很少部分来自遗传，大部分来自后天的教育，以及社会对男孩和女孩的不同期待。

其实维尔马教授是认同这个说法的，她在接受采访时表示过类似的看法，但她更想强调的一点是：这个结果只具有统计学上的意义，可以帮助科学家更好地了解男女这两个群体的行为模式，但无法帮助人们了解具体哪个人到底属于何种情况。事实上，维尔马教授本人就是一名女性，却从事着在大多数人眼中相当“男性化”的职业。

所谓歧视，指的就是用群体的特征来衡量其中的每一个个体，这不是科学，而是一种不负责任的表现。

（2013.12.23）

先天条件与后天培养

英国的一项调查表明，学生的考试成绩主要是由基因决定的。

美国心理学家埃里克森（K. Anders Ericsson）曾经提出过一个观点，任何一个人要想在某个领域取得成功，必须进行至少10000小时刻苦而又专业的练习。也就是说，如果每周练习20个小时的话，这个人必须坚持十年才能成功。这个说法被加拿大畅销书作家马尔科姆·格拉德威尔（Malcolm Gladwell）写进了2008年出版的《异类》一书中，并随着该书的畅销被当成了普世价值广为传播。

瑞典跳高名将斯蒂芬·霍尔姆（Stephan Holm）为这个理论提供了一个绝佳的证明。他从8岁起开始练习跳高，迄今至少已经进行了20000小时的专业训练。艰苦的训练最终有了回报，他以2.36米的优异成绩获得了2004年雅典奥运会的跳高冠军。

但是，来自巴哈马的跳高天才唐纳德·托马斯（Donald Thomas）却用自己神奇的经历给这个“10000小时天才”理论来了个当头一棒。托马斯出生于1984年，从小喜欢运动。2006年的某一天，他跟朋友打赌说他能跳过两米的横杆，结果朋友输了。赌注很快又变成了2.10米、2.15米……他又都赢了，于是朋友们怂恿他去参加跳高比赛。他练了两个月后真的去参加了一次正式比赛，跳过了2.22米的横杆，并因为这个成绩获得了参加同年在澳大利亚举行的英联邦运动会的资格。那次运动会上他跳过了2.23米，获得了第四名。

第二年，他参加了在大阪举行的世界田径锦标赛，以2.35米的成绩打败了包括霍尔姆在内的众多世界名将，获得了世界冠军，此时距离他生平第一次跳高仅仅过去了一年而已。更有意思的是，从那以后，他又在专业教练的指导下训练了六年，加起来怎么也得超过5000小时了，最好成绩却仍然停留在2.35米这个高度上。

为什么这两个世界级运动员的成才之路会有如此大的差别呢？根本原因就在于两人的基因不同。基因不仅决定了不同的人有不同的身高和肌肉类型，还决定了不同的人对于同样的训练有着完全不同的反应。有的人稍加训练后成绩就会有很大提高，而对另外一些人来说，训练很可能没有太大的用处，这些人要么加倍苦练，但要做好无效的准备，要么干脆放弃，另找一个适合自己的职业。

体育运动需要一点天赋，这已是地球人的共识了。智力是否也和基因有关呢？这个问题的争议就比较大了。伦敦国王学院的行为遗传学家罗伯特·普罗敏（Robert Plomin）博士坚信两者关系密切，先天条件和后天培养同样重要，但他想知道后天培养到底占多大的比例，于是他和同事分析了5474对16岁左右的双胞胎的全英统考成绩，其中2008对为同卵双胞胎，基因几乎是一样的，其余的为异卵双胞胎，一半基因是相同的。

分析结果表明，核心科目（英语、数学等）的考试成绩有58%取决于基因，基因在理科中所占比例比文科高。相比之下，孩子们的学习环境，包括学校、老师和家长等因素在考试成绩中所占比例只有36%。

这篇论文发表在2013年12月11日出版的《公共科学图书馆·综合》期刊上，立刻引发了争议。反对者指责这篇论文很可能导致智商歧视，但普罗敏认为恰恰相反，这个结果反而提醒校方一定要因材施教，学生们的先天条件相差很大，应该针对每个人的不同情况制定相应的教学计划，这才是真正的一视同仁。

（2014.1.13）

越来越精确的人类家谱

基因考古学是 2013 年进展最快的领域之一，人类的家谱正变得越来越精确。

2013 年生物学界最活跃的领域大概要算考古人类学了，几乎每个月都有新闻上头条，不少新发现令人瞠目结舌。

先说传统的化石领域。考古学家们在乍得发现了一个距今 700 万年的古猿头盖骨，这是迄今为止已经发现的最久远的人类祖先头骨化石，对于了解人类大脑的进化过程帮助很大。考古学家们还在肯尼亚发现了一块距今 600 万年的人类股骨化石，分析表明那时的祖先们已经可以直立行走了，这是从猿到人的进化过程中最为关键的一步，其重要性不言而喻。

从猿到人的另一个关键变化是投掷能力的出现和完善。人类肩部的特殊结构使得我们能够以很快的速度挥动上臂，既稳又准地投掷长矛，正是这项能力的进步使得早期人类逐渐成为非洲大陆上最具统治力的猎手，最终把很多顶级捕食者淘汰出局。考古学证据表明，这一变化发生在 200 万年之前，那时的直立人的肩胛骨已经具备了现代人类的某些关键特征。

不过，2013年人类学领域最轰动的事件莫过于尼安德特人基因组的研究。此前因为古DNA测序技术不够完善，科学家只能从尼安德特人的骸骨当中提取出部分DNA片段，测序的错误也很多，得出的结论很不可靠。2013年这项技术最终得以完善，科学家测出了尼安德特人的全部基因组序列，准确性也大大提高，终于证明人类祖先确实和尼安德特人有过基因交流，而这种交流肯定发生在人类走出非洲之后。

基因分析表明，人类大约在6.5万年前走出非洲，进入中亚地区生活，这期间很有可能和尼安德特人有过接触。大约在4万年前，人类首次进入欧洲，此时更有可能和尼安德特人有过正面的交锋。研究显示，人类和尼安德特人之间的基因交流很可能发生过很多次，其中至少有四次留下了后代，导致欧亚大陆的居民含有1%～4%左右的尼安德特人基因。

科学家们还研究了这些外来基因片段的功能，发现大都和人类的皮肤和毛发构造有关。换句话说，尼安德特人很可能为人类贡献了御寒基因（比如浓密的毛发），帮助那些走出非洲的祖先更好地适应非洲大陆之外的寒冷气候。此外，尼安德特人还把一些致病基因传给了人类，这些基因之所以会遗传下来，很可能是因为它们同时带来了某些令人意想不到的好处，具体情况还有待研究。

这个结果引起了一些人的不安。要知道，反对种族歧视运动的理论基础就是不同族群的基因差异非常小，除了肤色等少数几种性状之外都是一样的。但是前文提到的结果说明，撒哈拉沙漠以南地区的非洲大陆原住民体内没有尼安德特人的基因，这就有可能推导出一些政治不正确的结论。不过，在人类学家们搞清楚尼安德特人到底给现代人带来了哪些基因以及它们的功能是什么等问题之前，任何关于种族差异的讨论仍然是没有意义的。

2013年底，又有一项新的发现改写了非洲的历史。科学家们分析了南部非洲原住民科伊桑人（Khoisan）的基因组，发现他们竟然携带有一部分欧亚大陆人特有的DNA。进一步研究显示，这次基因交流大约发生在3000年前，来自欧亚大陆的居民很可能通过海路直接进入了南部非洲，并且一直深入到了非洲腹地。如果这个结论最终被更多证据所证实的话，非洲原住民和其他地方的居民之间的遗传差异就没有此前想象的那么大了。

（2014.3.3）

母乳喂养到底好在哪儿？

研究表明，母乳喂养确实有很多长期的好处，但和母乳里面含有的化学成分没有直接的关系。

母乳喂养的好处大致可以分为短期和长期这两类。大部分儿科医生都会告诉你，母乳喂养的婴儿不易拉肚子，得传染病的概率低，长大后身体更加强健，智商更高，学习成绩更好。其中，短期的好处很容易理解。已知母乳中除了营养物质之外还含有很多抗体，这是母亲专门为婴儿准备的特殊礼物，可以帮助那些免疫系统尚未发育完善的孩子免受病菌的侵袭。

但是，母乳喂养的长期好处就不那么容易说清楚了，尤其是关于智商的影响更是很难辨别真伪。一来关于人类自身的研究存在伦理障碍，本来就难以研究。二来婴儿不会说话，而影响婴儿智力发育的因素又太多，很难分清哪个才是真正起作用的原因。

美国俄亥俄州立大学的西娅·科伦（Cynthia Colen）和大卫·拉米（David Ramey）决定接受挑战，研究一下这个问题。“我们发现大部分关于母乳喂养的研究在采样方面存在缺陷，犯了‘选择偏倚’（Selection Bias）的错误。”科伦博士说，“这些研究仅仅比较了不同喂养方式产生的结果，却忽略了不同家庭之间在经济条件和教育程度上存在的差异，后者有可能才是真正的原因所在。”

为了避免出现偏倚，两位研究人员找到了665对至少有两个孩子的美国夫妇，其中一个孩子是用母乳喂养的，另一个孩子是吃配方奶粉长大的。两人比较了这665对孩子的现状，发现母乳喂养在减少儿童肥胖症、降低哮喘发病率、避免多动症和提高学习成绩等方面都没有比奶粉喂养显出任何优势。

“我们的研究并没有否定母乳的好处，这仍然是最好的一种喂养方式，对于婴儿的短期好处是明显的，比如减少婴儿感染的概率等。”科伦博士说，“但是我们的研究没能证明母乳喂养是否存在长期的好处，比如我们没能证明母乳喂养能够提高孩子的学习成绩，而这一点恰恰是很多母亲最关心的。也许我们不应该过分强调母乳喂养的重要性，而应该把精力更多地放到改善孩子的成长环境上来。”

这篇论文发表在2014年1月出版的《社会科学与医学》（*Social Science & Medicine*）期刊上，引来了众多评论。反对者认为，此前已有太多的论文证明了母乳喂养对于孩子智商有正面影响，不能仅凭一篇论文就否定这个结论。

事实究竟是怎样的呢？美国杨百瀚大学的社会学家本·吉布斯（Ben Gibbs）博士发表在2014年3月出版的

《儿科杂志》（*The Journal of Pediatrics*）上的一篇论文部分地回答了这个问题。吉布斯采用了时下最流行的大数据研究法，从国家数据中心调出了7500个美国小孩从刚出生到5岁时的详细记录，这个数据库包含了母亲和孩子的大部分信息，比如母乳喂养的情况、家庭状况、母亲和孩子相处的时间和方式等，甚至母亲何时开始给孩子念图画书，每晚念多长时间等数据也都有。

这个数据中心还存有每对母子之间的活动视频，吉布斯通过视频给每位母亲的育儿技巧进行了打分，重点放在母亲是否对婴儿的情感需求做出了及时而又恰当的反馈。

然后，吉布斯把这些数据和孩子们5岁时的身体状况、智力水平和考试成绩等硬指标放在一起考量，发现真正对孩子的智商有影响的是母亲和孩子的亲密程度。比如，吉布斯发现那些善于对孩子的情感需求做出恰当反应的母亲，孩子长大后的智商往往会比较高。另外，如果一位母亲从孩子9个月大的时候就坚持每天给他念图画书，等孩子长到5岁时智力发育水平比没有这么做的孩子早2～3个月。

吉布斯还发现，那些用母乳喂养的母亲比喂奶粉的母亲在这两点上都做得更好。换句话说，母乳喂养只不过增加了母亲和孩子之间的感情，而后者才是提高孩子智商的关键因素。

（2014.3.17）

美的标准

美的标准是由文化决定的还是由基因决定的？越来越多的研究倾向于后者。

美有标准吗？答案似乎是否定的。问问周围的人，有人喜欢胖的，有人喜欢瘦的，有人喜欢白的，有人喜欢黑的，标准似乎很不统一。难怪人类学家曾经认为，美的标准属于社会学范畴，是人类文明进化的结果，没有统一的标准。

不过，随着时间的推移，越来越多的学者开始质疑这个理论。哈佛大学心理学博士、现任宾夕法尼亚大学心理系助教的科伦·艾皮瑟拉（Coren Apicella）就是其中一位。她决定研究一下坦桑尼亚的哈扎（Hadza）部落，这个部落不但很少和外界接触，至今仍然以男人打猎、女人采集的方式生活，这种方式占了人类发展史 95% 的时间，我们的绝大部分原始特征都是在这一阶段进化而来的。

研究显示，这个部落的男人和女人都把美作为择偶的首要标准，其次才是性格和生存技能（打猎或者采集的技巧），这说明审美标准在这个部落的进化史上有着举足轻重的地位。

在此基础上，艾皮瑟拉首先研究了哈扎人对于脸的审美标准，发现他们和欧洲人一样，都喜欢平均的脸型。读者可能都听说过，如果把一个族群的所有脸型输入电脑，让电脑计算出一个平均值，结果一定是最美的，哈扎人也不例外，说明这是人类的普遍规律。艾皮瑟拉博士认为，这个选择是双向的，越是平均的脸型说明基因越优秀，自然也就越受青睐。反过来，越是优质的脸型在族群中出现的次数也就越多，因此也就越平均。

接着，艾皮瑟拉研究了哈扎男人对于女性身材的审美，发现他们并不喜欢细腰的女性，这一点和欧洲人正相反。已有的研究显示，腰围和臀围之间的比值越小（细腰）的女性生育能力越强，哈扎男人为什么反其道而行之呢？

经过同行提醒，艾皮瑟拉明白了其中的道理。她以前的研究是拿女性正面照片作为样本给哈扎男人看的，而哈扎女性大都有着巨大的臀部。艾皮瑟拉改变了策略，给男性受试者看从各个角度拍摄的女性照片，结果发现哈扎男人喜欢臀部丰满的女性，这样的女性腰围和臀围之间的比值较小，和欧洲男人的差别就不大了。艾皮瑟拉认为，这个结果还说明哈扎人生活条件艰苦，女人储存脂肪的能力非常重要，所以巨大的臀部才被认为是美的象征。

最后，艾皮瑟拉又研究了哈扎人对声音的审美。已知一个人声音越低沉，说明他/她体内的雄激素就越多，雄激素多的人肌肉更强壮，生存能力更强，但同时性格较为“男性化”，不太顾家。艾皮瑟拉发现哈扎男人更喜欢声音高的女性，和欧洲男人一样。但哈扎女人并不喜欢声音低沉的男性，和欧洲女人有差别，这是怎么回事呢？

艾皮瑟拉再次审查了自己的数据，发现调查对象里超过一半是正在哺乳的妇女。哺乳期妇女占多数是原始部落的常态，本来不算稀奇，但当艾皮瑟拉把这部分数据剔除后，奇迹出现了。剩下的女性更喜欢嗓音低沉的男性，和欧洲妇女一模一样了。

艾皮瑟拉认为，这个结果恰恰说明女性的审美标准和自己的身体状态密切相关，符合进化的规律。未孕妇女更希望从男人那里得到优秀基因，所以会喜欢嗓音低沉的男性，但是怀孕的妇女则更需要一个能照顾她的男人，所以她的喜好就发生了微妙的变化，更加青睐那些不那么大男子主义的男人。

艾皮瑟拉的研究在人类学界引起了不小的轰动。学者们认为，这项研究再次表明，人类的审美不全是文化决定的，其背后有很深的生物学基础，属于普世价值。

（2014.4.21）

古老的偏差

通过研究卷尾猴，科学家发现有两种人类思维偏差具有很强的遗传性。

高尔夫比的是总杆数，无论是保帕（包括柏忌）推杆还是抓鸟（包括老鹰）推杆，价值都是一样的。但是，有人统计了高尔夫美巡赛上的160万次推杆，发现保帕推杆的成功率要比抓鸟推杆高2%。换句话说，球手们在保帕的时候要比抓鸟的时候更专心。别小看这一点差别，根据计算，如果一位选手的抓鸟推成功率能够和保帕推一样的话，平均每个赛季可以多挣100万美元。

既然道理如此简单，好处又是如此明显，这些职业高手们为什么还会犯这个低级错误呢？耶鲁大学心理学教授劳瑞·桑托斯（Laurie Santos）博士认为，这个错误是在两种很常见的思维偏差共同作用下导致的，一个叫做参照依赖（Reference Dependence），另一个叫做损失规避（Loss Aversion）。前者的大意是说，一个人在做判断的时候往往会人为地选定一个参照系，而不是从绝对值的角度看问题。比如很多股民明明知道一只股票未来肯定会继续跌，但当他想到自己当初买这只股票时出的价格比现在高，就不愿立即清仓止损，即使理智告诉他买入价不是一个很好的参照系，账户里剩下的钱才是绝对标准。后者的意思是说，一个人会更加专注于减少损失的行为（保帕推），而不是增加收益的行为（抓鸟推），即使两者之间的绝对效果是一样的。曾经有研究显示，我们中的大多数人往往会花两倍的时间和精力去考虑如何省钱，而不是去想办法赚钱。

这两个偏差是如此常见而又如此强势，即使是职业高尔夫选手在面临上百万美元损失的情况下也无法避免。因此桑托斯博士猜测，它们很可能是固化在人类基因组当中的心理定式，是被进化选择出来的本能。

为了证明这个假说，桑托斯博士决定用卷尾猴（Capuchin Monkey）来做个实验。这是一种非常聪明的灵长类动物，大约在3500万年前才和人类分道扬镳。桑托斯先训练它们和饲养员做交易，学会用硬币换苹果吃。然后桑托斯为它们设置了各种人类社会常见的交易模式，测试它们应对复杂情况的能力。结果发现卷尾猴很快就学会了讨价还价等人类社会最常见的商业技能，比如它们会挑那些每次都多给的饲养员做交易，而且会在“大减价”的时候尽量多做交易，等等。

基本训练完成后，桑托斯开始了正式实验。她首先为猴子们安排了两个不同的饲养员，A每次都多给一个苹果，B一半时间不多给，一半时间多给两个，虽然最终结果是一样的，但猴子们更喜欢 A，说明它们在赚钱的时候倾向于求稳，小富即安。

之后她再安排两名饲养员，先给猴子们看手里的三个苹果，但 C 每次都少给一个苹果，D 一半时间少给两个苹果，一半时间不少给，这回猴子们都喜欢跟 D 交易，说明它们在规避损失的时候会冒点险，或者说它们会更加努力地试图止损。

桑托斯博士认为，实验结果表明参照依赖和损失规避确实如她设想的那样是存在于基因中的。换句话说，人类的这种思维偏差是遗传的，而且至少已经存在了 3500 万年！

明白了这一点有助于我们设计出更加聪明的方案对付这两个顽固的偏差。比如，在谈判的时候如果你想让对方接受一个有风险的方案，最好的办法不是强调它可能带来的好处，而是想办法让对方意识到这个风险方案有可能比保守方案带来更少的损失。再比如，如果你因为做错了一件事而耿耿于怀，只要换一个心理参照系，想想那些更糟糕的情况，就会释然了。

（2014.4.28）

羞辱管用吗?

羞辱是人类多年进化而来的一种行为模式，其目的是维护公共利益，但在现代社会，羞辱的作用越来越小了。

近日一名内地幼童在香港当街便溺，路人掏出手机拍照，和幼童父母发生争执。此事被媒体曝光后引发了网民的激烈争论，双方各执一词，谁也说服不了谁。

抛开是非不论，先问一个问题：这位路人为什么要拍照呢？除非另有不可告人的秘密，他这么做显然是为了将照片发到网上，以此来羞辱内地游客。那么接下来的问题是：羞辱管用吗?

回答这个问题之前，先来给羞辱下个定义。羞辱（Shame）和内疚（Guilt）是两个很容易搞混的概念，在心理学字典里，前者指的是一个人因为损害了集体利益而被当众指责，是一种需要多数人共同参与的行为；后者指的是一个人因为做错了事而感到内心不安，是一种只属于个人的感觉。

和人类的很多基本情感一样，羞辱也是固化在人类基因组中的一种行为模式，其目的是更好地维系群体成员之间的合作，从而增加生存的概率。羞辱的前提条件是这个人的不当行为被别人看见，所以我们进化出了一种本能，在有人在场的情况下往往会表现得更加高尚。这个本能到底有多强烈呢？英国纽卡斯尔大学的科学家通过一个有趣的实验回答了这个问题。研究人员在一间普通办公室的公共咖啡机前面轮流张贴巨幅招贴画，一张是花的照片，一张是人脸照片，然后比较雇员们自愿放在钱罐里的咖啡钱，实验进行了十周，结果发现张贴人脸照片时收到的钱是张贴花朵照片时的四倍！

不过，大多数伤害集体利益的行为很可能只被少数几个人看到，羞辱就失去基础了。英国人类学家罗宾·邓巴（Robin Dunbar）提出了一个新理论，认为人类之所以进化出了语言，就是为了更方便地传播八卦，以便更加容易地利用羞辱这把利剑来维护集体利益。再后来又出现了文字，一个人的不良行为甚至可以被写进书里遗臭万年，羞辱好几代人。

但是，随着人类社会越来越庞大，羞辱的力量变弱了。纽约大学环境系助理教授詹妮弗·杰奎特（Jennifer Jacquet）博士试图研究羞辱和内疚这两样武器是否可以用来维护人类社会的文明秩序，保护自然环境免遭“公地悲剧”。她发现内疚的作用是很有限的，因为每个人的道德标准不一样。羞辱则在一定范围内是管用的，前提是这种羞辱最好是来自民间的自发行为，不能由政府主导，否则就有滥用公权力的嫌疑，反而达不到好的效果。

这方面有一些成功的案例。比如英国莱斯特郡的一个社区委员会鼓励居民将自己随手拍摄到的不文明行为（比如乱丢垃圾）上传到视频网站，一旦被人认出就公布肇事者的姓名。美国沙漠城市圣塔菲的一家报纸则刊登了该市用水量前十位的住户名单，以此来羞辱这些浪费宝贵水资源的人。

这两个案例都运用了互联网强大的信息传播功能，相当于八卦传播的 21 世纪升级版。但是杰奎特博士认为这样的羞辱方式存在局限性，不能完全代替政府的角色。她的理由是，现代社会具有高度的流动性，一个人很可能只在一个地方待一段时间就走，羞辱对于这些人的作用有限。另外，现代社会允许一个人有多重身份，羞辱这把武器很可能找不准对象。更重要的是，羞辱往往只对一部分人有效，因为人群中总是存在一批天生缺乏道德感的人，羞辱在他们身上不起作用。其实这也是符合进化论的，各种数学模型都预言了这批人的存在，他们善于钻空子，利用别人的善良谋私利，最终获得了比“老好人”更多的资源。

最后杰奎特博士得出结论，对于大部分公共议题来说，羞辱即使管用，速度也太慢了，还是需要依靠法律法规来强制执行。

（2014.5.5）

人造遗传密码

科学家们成功地培育出带有人造密码的新生命，为合成生物学掀开了新的篇章。

美国斯克里普斯研究所（Scripps Research Institute）的生物学家弗洛伊德·罗米斯堡（Floyd Romesberg）博士在2014年5月7日出版的《自然》杂志网络版上发表了一篇论文，宣布他领导的研究小组成功地在大肠杆菌基因组中加入了人造遗传密码，并且顺利地繁殖出了带有人造密码的后代。

这个消息一经披露，立刻在全世界引起轰动，不少科学家称赞这是地球上首个“外星物种”。但也有人表示担忧，认为这会引发生态灾难。其实这种担忧是毫无必要的，因为人造遗传密码是不可能在自然界扩散开来的。

众所周知，生物的遗传密码是由四个核苷酸组成的，一般简写为ATCG，其中A和T配对，C和G配对，遗传信息就是通过这种配对而被原样复制到下一代的。自从发现了这个秘密后，科学家们研究了成千上万种生物的遗传密码，至今尚未发现例外。这一点是生命起源于共同祖先这一理论最有力的证据。

那么，地球上的生命为什么选择了这四个核苷酸呢？它们到底有什么不可替代之处？是否有可能存在不同的遗传密码？为了回答这些问题，罗米斯堡博士及其同事合成出了三百多个和ATCG类似的核苷酸分子，然后逐一试验，最终发现d5SICS和dNaM这两个相互配对的核苷酸最合适。为了行文方便，我们姑且称之为X和Y。科学家们通过化学合成的方法将X和Y插入到大肠杆菌的基因组当中，试图让细菌接受这两个外来核苷酸，并且繁殖到下一代当中去。

这件事说起来容易做起来难。首先必须让大肠杆菌接受这两个新核苷酸，不至于影响到DNA的三维结构。其次必须说服细菌的DNA复制酶识别这两个新核苷酸，将其原封不动地复制到下一代。最后还要瞒过细菌自带的矫正机制，否则很快就会被清除掉。经过一番努力，研究人员终于克服了困难，成功地让大肠杆菌带着X和Y这两个人造遗传密码繁殖了25代。

从这个过程我们可以知道，X和Y都是人造的化学分子，大自然当中是没有的。事实上，科学家们必须在培养基中添加这两个人造核苷酸，才能让大肠杆菌顺利地繁殖下去。即使该细菌不慎逃出实验室，很快就会因为缺乏X和Y分子而将人造密码丢掉，所以这个实验对于环境安全没有任何威胁。

但是，如果一个外星球上的生命从一开始就选择了

X 和 Y 的话，该星球上就会充满了 X 和 Y 分子，而不是 ATCG 了。因此这项研究证明 ATCG 并无特殊之处，外星生命完全有可能选择别的核苷酸作为遗传密码。

不少反对这个实验的人其实反感的是科学家扮演上帝，他们认为生命是由上帝创造的，遗传密码不得随意改动。其实科学家们之所以这么做并不是想扮演上帝，而是出于实用的考虑。原来，遗传密码编码的是蛋白质，地球上绝大部分蛋白质都是由 20 种氨基酸按照不同的排列顺序组成的。但氨基酸并不是只有这 20 种，如果能够增加氨基酸种类的话，科学家们就有了更多的选择，可以随心所欲地设计出具备特异性能的药物、疫苗和新的纳米材料。可惜的是，生命只有四个遗传密码，这就大大限制了信息的复杂性，也就是限制了氨基酸的种类。增加遗传密码相当于为一台打字机增加新的字母键，可以写出更复杂的文章。

罗米斯堡博士已经成立了一家公司，准备运用这项技术研发新的药物和疫苗。他们下一步要做的就是为人造密码找到与之对应的氨基酸，然后想办法让大肠杆菌生产出地球上没有的，具备全新功能的蛋白质。

（2014.5.26）

米饭还是面条？

研究表明，一个人的性格和他来自水稻种植区还是小麦种植区有关。

“您要米饭还是面条？”这大概是空姐们最常说的一句话。2014年5月9日出版的《科学》杂志刊登了一篇论文，极大地扩展了这句话的外延。文章的主要结论是：吃米的人偏好集体主义，善于从整体的角度思考问题；吃面的人则正相反，崇尚个人主义，善于分析细节，重视个案。

且慢！这个差异不就是通常所说的东西方文化差异吗？心理学界很早就有这个说法，认为欧洲和北美人崇尚自由，宣扬个性解放，东亚人都是听话的乖孩子，集体主义意识强，甚至还有人把这种差异看成是民主制度和现代科学诞生在西方的重要原因。

看来差异确实是存在的。问题在于，难道这种差异竟然是由饮食习惯造成的？

让我们来看看这个结论到底是如何得出来的。这篇论文的主要作者是美国弗吉尼亚大学心理学系的托马斯·塔尔海姆（Thomas Talhelm）教授，他的研究方向正是东西方文化差异的由来。此前关于这个问题的解释大致可以概括为“现代化假说”和“病原体假说”。前者认为当一个社会的经济文化发展水平越来越高，个人财富积累得越来越多时，就会导致其成员越来越重视分析性思维，越来越鼓励个性发展；后者则相信传染病高发地区的居民为了减少被传染的机会，变得越来越不愿意和陌生人打交道，久而久之就会导致整个社会变得越来越排外，越来越强调集体主义。和寒冷的欧洲相比，东亚地区气候炎热，人口密度也更大，导致这一地区的传染病非常多，最终培养出了东亚人独特的性格。

随着时间的推移，前一种理论越来越不吃香了。比如，日本和韩国都已进入了发达国家的行列，中国不少地方也在迎头赶上，但这些地区的人民仍然表现出强烈的集体主义倾向，说明社会发展水平和性格差异之间的相关性很小，不足以解释欧亚两种文化之间的差别。

后一种理论也有自己的问题。已知传染病和气候密切相关，有没有可能是东亚地区的气候，而不是传染病导致了两者的差异呢？塔尔海姆教授认为这个可能性是存在的。他相信热带地区的人不但传染病多，而且也都喜欢种水稻。水稻属于劳动密集型农作物，需要很多人合力修建灌溉系统，相互商量分配水资源，所以稻农们必须学会相互合作，避免冲突。相比之下，小麦虽然单产比水稻低，但种小麦基本上无须灌溉，所需劳动力也较少，麦农不需要和他人合作就可以自给自足。

众所周知，东亚人一直以大米为主食，欧洲人则更喜欢吃面食，塔尔海姆认为双方农业方式的不同才是造成欧亚两种文化差异的真正原因。为了证明自己的理论，塔尔海姆一直在寻找合适的研究对象，以排除其他因素的干扰。经过一番寻找，塔尔海姆教授发现中国最合适。中国以长江为界，江北气候偏冷偏旱，和欧洲一样适宜种小麦，江南则以水稻为主，和大部分东亚国家一致。但中国早就统一了，无论是江南还是江北，人种和语言文化都是类似的，只是农作物不同，如果南方人和北方人在思维方式上存在差异，就可以排除文化或者种族的影响了。

于是，在中方研究人员的帮助下，塔尔海姆教授从六座中国城市招募到了 1162 名志愿者，先通过问卷调查等方式测验他们的思维偏好，再统计他们到底是吃米长大的还是吃面长大的。当他把两组数据摆到一起进行统计分析时，发现两者确有关联，吃米长大的中国人更符合传统东亚人的思维模式。

那么，如果原来种水稻的人停止种地，这个差异是否还会保留呢？这就是塔尔海姆教授下一个研究计划试图回答的问题。让我们拭目以待吧。

（2014.6.2）

人性的差异是从哪里来的?

新的研究表明,人性的差异是文化和基因之间互动的结果。

2014年5月9日出版的《科学》杂志刊登了一篇论文,说东亚人和欧洲人在人性上的差异来自饮食习惯的不同,东亚人喜吃大米,而稻农必须相互合作才能有好收成,所以东亚人崇尚集体主义。种小麦不必如此,所以欧洲人更强调个性自由。

不同人种之间在身体上是不同的,这个没人反对。但性格上真的有差异?而且和人种有关?这个结论就有些争议了。事实上,很早就有人注意到了这一点,公元7世纪出版的欧洲百科全书《词源》(*Etymologiae*)的作者,塞维利亚的伊西多尔(Isidore of Seville)曾经指出,不同人种不但相貌不一样,而且性格也大不相同。此后的欧洲哲学家,比如笛卡儿和约翰·洛克等人也都曾研究过这个问题,得出了相似的结论。现代心理学诞生后,科学家对东亚人和欧洲人进行了很多次心理测试,结果都证明了上述差别是真实存在的,而且发生的时间很早。有一项研究证明来自欧洲和东亚的孩子从3岁起就在集体主义还是个人主义这个问题上表现出明显的差别。

问题在于，造成这个差别的原因是什么？

自启蒙时期开始，关于这个问题诞生了两套不同的解释体系。一套用达尔文进化论来解释两者的区别，认为人类性格的形成是适应环境的结果，没有别的原因。另一套体系则用到了文化人类学的理论，认为这是文化差异导致的结果，和基因无关。

随着时间的推移，这个领域又诞生了一个新的体系，将上述两者结合了起来。新的体系认为人性的差异是文化和基因协同进化的结果，两者相互影响，相互促进。换句话说，文化也可以像基因那样优胜劣汰，而基因也可以被文化所改变，不再只是环境变迁的结果。

哈佛大学心理学博士琼·西奥（Joan Chiao）是这个新领域的后起之秀，她领导的一个美国西北大学研究小组研究了东亚人和欧洲人在血清素运载基因SLC6A4这个位置上的差异，为新理论找到了一个有力的证据。

血清素（Serotonin）的另一个常用名叫做5-羟色胺，是人脑中最常见的神经递质，负责在神经细胞间传递信息。血清素的多寡和人的情绪密切相关，市面上流行的抗抑郁症药物多半是以血清素为靶点的。

血清素运载基因负责调解人脑中血清素的含量，它有两个亚型，一个短（S），一个长（L）。S型的人对负面的情绪较为敏感，倒霉时很难控制自己的心情，容易焦虑，易患抑郁症。统计显示，70% ～ 80% 的东亚人体内含有这个亚型，相比之下，只有 40% ～ 45% 的欧洲白种人是 S 型的。但奇怪的是，亚洲人患有抑郁症的比例反而比欧洲和北美要低，这是为什么呢？

西奥博士认为，这个看似很奇怪的悖论恰好说明了文化和基因之间的协作关系。东亚文化强调集体主义，S 型个体在集体的庇护下反而更容易生存，因此得以保存下来。反过来，S 型个体因为对负面情绪较为敏感，比 L 型个体更加善于感知同伴们的愤怒或者恐惧，因此也就更善于提前做出相应的改变，以避免冲突，使得集体主义思想变得越来越强大。

那么，造成东亚人和欧洲人性格差异的原始动力来自哪里呢？西奥博士认为是传染病发病率不同导致的，而《科学》杂志的新文章则认为水稻和小麦才是原因所在。目前这两个假说都有拥趸，但不管怎样，西奥博士通过基因研究很好地解释了最初的原始动力是如何通过基因和文化的相互作用而逐渐加强的。

这门边缘学科叫做文化神经科学（Cultural Neuroscience），人性的秘密或许要从这里开始寻找。

（2014.6.9）

肉疼和心痛

生理和心理上的痛感很可能是一回事。

世界杯是展示爱国情怀的绝佳场所，很多人看到升起的国旗会情不自禁地流下眼泪。同样，看到自己国家的球队输球，也会有不少人感到心痛，仿佛真的有人拿小刀挖自己心脏。

确实，很多语言中都有类似“心痛”这样的词汇，说明感情上的不适和生理上的不适很容易混在一起。初看起来这是风马牛不相及的两件事，为什么会产生相同的感觉呢？科学为我们提供了答案。

原来，疼痛的感觉分别由两个部门负责：一个是感知部门，负责报告大脑疼痛发生的部位在哪里；另一个是知觉部门，负责衡量这种感觉到底有多难受。好比一个人把手指插进水里，前一个部门只是告诉大脑，有一根手指碰到了一个超出常规范围的热源；后一个部门负责判断这个热源的温度是否有害。只有两个部门合力，才能让这个人适时地把手指从水里抽出来：如果缺了前者，这个人会不知道哪里疼；如果缺了后者，这个人就不会觉得开水烫，而烫，就是疼的另一种表达方式。

上述理论是有实验证据支持的。科学家们发现，对于人类来说，前一个部门位于大脑中的躯体感觉皮质（Somatosensory Cortex，简称 SC），后一个部门则主要由背侧前扣带回皮质（Dorsal Anterior Cingulate Cortex，简称 dACC）负责。那些因故被切除了 SC 的病人依然会有疼的感觉，但却无法判断疼点在哪里。类似地，那些因故被切除了 dACC 的病人可以准确地知道身体的某个部位受到了某种刺激，但却不会感到不适，因此也就不会本能地把手指从开水中拿出来。

后一种情况的危险性是显而易见的，人类之所以进化出疼的感觉，就是因为这种感觉在绝大多数情况下都代表着危险，应该极力避免，否则就会吃亏。顺着这个思路，加州大学洛杉矶分校（UCLA）的心理学家娜奥米·艾森伯格（Naomi Eisenberger）得出了一个顺理成章的结论。她认为很多看似属于社会学范畴的感情对于人类的生存同样意义重大，因此和肉体的疼痛一样，被固化在人的大脑中。比如，一个人和群体在一起的时候会更加安全，因此当他被同伴抛弃时就会感到心痛。为了避免这种感觉，人类就会变得更加团结。

换句话说，艾森伯格博士认为肉疼和心痛共用了同一个神经回路，都是由 dACC 负责调控的，肉体和心理在这个部位殊途同归。

为了证明这个假说，艾森伯格博士找来一批志愿者，让他们玩一种游戏，故意营造出一个被同伴抛弃的场景。与此同时，每位游戏者的大脑都由功能性核磁共振（fMRI）实时扫描。结果显示，当一个人感到自己被同伴抛弃时，他的 dACC 位置就会活跃起来，说明他大脑中负责感知疼痛的部分被激活了，产生了和肉疼一样的感觉。

如果这个假说是对的，就会导致一系列看似奇特的结论。比如，那些对疼痛的忍受度较低的人感情也会更脆弱。研究发现这个现象确实存在，那些常年抱怨慢性疼痛的病人往往也对周围人的态度更为敏感，而那些常年抑郁的人对生理疼痛的敏感度也较高。

同理，用于缓解生理疼痛的止痛药也应该有助于降低一个人的心理痛感。艾森伯格博士研究了这个看似荒谬的问题，发现确实如此。她给一组志愿者吃泰诺（Tylenol，学名扑热息痛），然后测量他们对于日常生活中一些小挫折的恶感，发现泰诺确实有助于降低志愿者们的抱怨频度，安慰剂则没有这种效力。

反过来，那些治疗心理疾病的方法同样也有助于缓解生理疼痛，最明显的例子就是亲友的鼓励会大大提高病人对疼痛的耐受度。如果你有位朋友正在生病，你知道该怎么做了吧！

（2014.6.30）

为什么要有血型？

血型给输血带来了很多麻烦，但血型之所以被进化出来，和输血没有任何关系。

据说现在猜血型又流行起来了，一些“聪明人”认为星座和人距离太远，不靠谱，而血型毕竟是人身体里的一种性状，很有可能对于性格有某种神秘的影响力。驳斥这套理论只需问一个问题：你有证据吗？人体的生理结构千变万化，不是所有的不同都能反映到性格上，否则的话人的神经系统也太脆弱了。

血型和性格之间的关系是日本人先想出来的，欧美人更相信血型和饮食有关系。1996年，一位名叫皮特·达达莫（Peter D'Adamo）的人出版了一本书，名为《不同血型不同饮食》（*Eat Right 4 Your Type*）。他在书中声称血型起源于不同的地域，所以应该对应于不同的饮食。比如他宣称，O型血源自非洲，是最古老的血型，适合吃肉；A型血来自农业的诞生地，所以更适合素食；B型血来自喜马拉雅山脉的游牧民族，所以要多吃奶制品。这本书出版后大受欢迎，迄今一共卖出了超过700万册，还被翻译成了六十多种语言，风靡全世界。但是科学家们都不认同这个说法，因为没有任何一篇在正规期刊发表的论文支持他的结论。

先不说别的，血型是一种非常古老的性状，根本不是达达莫宣称的那样。大家熟悉的ABO血型系统在灵长类动物中就有了，但是不知什么原因，黑猩猩只有A型和O型这两种血型，大猩猩则都是B型血。

那么，这种明显的伪科学理论为什么会流传得这样广呢？一个很重要的原因就在于科学家直到现在都还没有搞清楚血型到底有什么用处，哺乳动物为什么要进化出不同的血型。1952年发现的“孟买血型”更是让这个问题变得扑朔迷离，“孟买血型”可以被称为“无血型”，这种人的血细胞表面根本就没有ABO抗原，但血清当中却含有能够对抗ABO抗原的抗体。换句话说，这种人和已知的四种常见血型的人之间无法互相输血，只能在同血型之间寻找血源。但这几乎是“孟买血型”唯一的缺点，因为他们在其他方面和普通人毫无差别。

这种血型的存在说明，就连血型本身都不是必需的。

难道说，血型只是一种毫无意义的基因突变吗？那倒也未必。已有研究显示，不同血型的人对于疾病的抵抗力是不同的。A型血比较容易得白血病，也更容易被天花病毒感染，O型血更容易得溃疡病，却不容易得疟疾。

随着这方面的案例越来越多，该领域也引起了更多科学家的关注。来自多伦多大学的科学家凯文·凯恩（Kevin

Kain）研究了不同血型对于疟疾的抵抗力，发现O型血的人之所以抵抗力更强，是因为免疫系统更容易识别出被感染的O型血细胞，从而能够更快地将感染的血细胞清除出去。

疟原虫直接感染血细胞，所以上述结论一点也不奇怪，但是有一些不直接感染血细胞的传染病也和血型有关，这就让人看不懂了。比如一种名为诺如病毒（Norovirus）的厉害病毒和血型有着极为密切的关系，一种诺如病毒只感染某一种血型的人。但这种病毒是通过人的肠道内壁细胞进入人体的，和血细胞无关，为什么血型仍会起作用呢？

原来，决定血型的ABO抗原绝不仅仅只在血细胞表面才有，血管壁细胞、呼吸道上皮细胞和皮肤细胞等都能找到这种抗原。包括诺如病毒在内的不少病原体都是通过和ABO抗原分子结合，从而入侵人体的。这种结合都是一对一的关系，就像一把钥匙配一把锁。人类之所以进化出这么多不同的血型，也许就是为了增加多样性，防止被一种超级病毒一网打尽。

（2014.8.18）

童年失忆症

为了不输在起跑线上，中国的父母们在孩子身上的投资越来越早了。但是，这些投资很可能得不到回报，因为他们长大后都不记得了。

很多中国父母把希望都寄托在下一代身上，从孩子出生那天起就不惜一切代价加以培养，希望他将来能成长为一个优秀的人。于是我们看到有越来越多的父母在孩子很小的时候就带着他东奔西跑，今天带他去内蒙古骑马，明天带他去香港海洋公园看鲸鱼，希望他从小就多见世面，长大后能够成为一个见多识广的人。

可是你有没有想过，自己小时候的经历还记得多少？忘得差不多了吧？这不是偶然的，事实上，绝大多数成年人都不记得小时候的事情了，心理学里有个专门的词描述这一现象，叫做“童年失忆症”（Childhood Amnesia）。大意是说，一个成年人会忘掉自己 2 ～ 4 岁前的绝大部分经历，青春期之前的记忆也会遗忘得很多。这里所说的记忆特指“情景记忆”（Episodic Memories），也就是日常生活中的那些点滴记忆，知识型记忆似乎不受年龄的影响。

为什么会出现这种情况呢？因为儿童没有记忆功能吗？

不是。很多证据表明儿童从 1 岁起就开始有记忆了，他们会记得谁对自己特别好，或者某个玩具弄丢了，只是当他们长大后这些记忆就都消失了，一点痕迹也没有留下。

关于童年失忆症的原因，曾经有两个理论颇为流行。一种理论认为是前额叶皮质（Prefrontal Cortex）没有发育完全导致的，这个部分负责整合所有的信息，包括一些看似不那么重要的信息。比如你第一次学会走路的时候是在哪里，周围有哪些人在看，等等。但是，让你试图回忆起当时的情景时，这些次要的信息起到了很重要的作用，如果没有这些信息帮助的话，你对于第一次学会走路这件事的回忆就会支离破碎，无法整合成一个完整的回忆。人刚出生时前额叶皮质尚未发育完毕，这个发育过程会一直持续到青春期结束之后才会告一段落，这就是为什么儿童的记忆都是不完整的。

另一种理论认为，一个人对于情景的记忆方式取决于他是否使用了语言。当一个孩子逐渐学会说话后，他对于周围世界的记忆便换了一套编码。于是，在语言技能尚未成熟之前形成的记忆就逐渐被遗忘了。

2014 年 5 月 9 日发表在《科学》杂志上的一篇论文为这个问题提供了一个新的解释。一个来自加拿大的研究小组通过对小鼠的研究，发现脑神经细胞数量的增加是导致童年记忆丧失的原因之一。

直到 2000 年之前，科学家们还认为人的脑细胞数量从出生之日起就不再增加了。后来的研究发现这个假说大错特错，人的脑细胞数量一直在增加，这个过程可以一直持续到成年。人脑中负责记忆和情感的海马区（Hippocampi）的细胞数量增长得尤其显著，这部分细胞的增长速度在出生后的头几年里最快，此后随着年龄的增长迅速递减。有人认为正是这些新增加的脑细胞覆盖了原来的细胞，导致了童年记忆的丧失。

加拿大科学家在小鼠身上验证了这一假说。小鼠也有童年失忆症，它们对出生头几个月的记忆消失得特别快。科学家们用一种药阻止了小鼠脑细胞的分裂，然后再进行测试，发现这些被处理过的小鼠对于童年的记忆力比对照组有了显著增强。

那么，人类为什么会有童年失忆症呢？难道记住童年往事有什么不好的副作用吗？答案是否定的。一些人认为，童年失忆症是大脑发育的副产品，人类之所以进化出如此复杂的大脑，必须付出很多代价，对童年记忆的覆盖就是代价之一。

既然如此，也许那些望子成龙的父母们可以不必在孩子很小的时候花那么多精力带他游山玩水了，无论当时多么开心，长大后他都不记得了。

（2014.9.29）

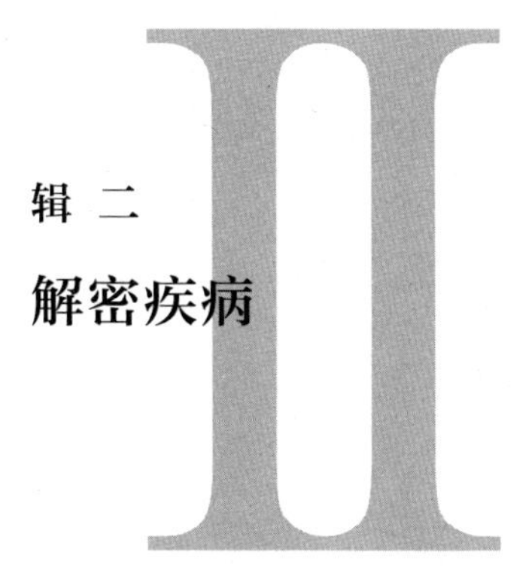

辑 二

解密疾病

淘气的骨细胞

骨细胞经常会在本不属于它的地方生长，
这就导致了一系列问题。

人的身体里有两个坚硬的组织，一个是牙齿，一个是骨头。不同的是，一个成年人的牙齿基本上不会再生长了，但骨头却一直保持着旺盛的活力，每隔十几年就会全部更新一次。换句话说，35 岁时你的全身骨骼和 20 岁时是完全不一样的。

骨头的生命力之所以如此旺盛，是因为骨头内含有大量活着的骨细胞，它们的分裂能力保证了脆弱的骨头在折断后能够在相对较短的时间里得到修复。对比一下腱（Tendon），这个区别就更明显了。腱是连接骨骼和肌肉的一种结缔组织，它就像一根可以伸缩的弹簧，缩的时候储存能量，伸的时候再将积蓄的能量释放出来，助肌肉一臂之力。这方面一个经典的例子就是跟腱。通常情况下，小腿越细的人跟腱越长，而肌肉则看上去很少，但这种人的弹跳力往往要好于小腿很粗、肌肉发达的人。

腱之所以有这个特性，是因为它内部含有大量像弹簧一样弯曲的胶原蛋白纤维，活细胞反而被排挤得没了地方，数量相对稀少。这就是为什么看上去很有生命力的腱其实是个半死不活的组织，自我修复的能力非常差。武侠小说里之所以有挑断手筋脚筋这个说法，就是因为侠客们知道，光是打断人家腿骨是没用的，过一个月又是一条好汉。

生命力强当然是好事，但掌握不好火候也会出麻烦。医生们早就知道，骨细胞像个淘气的孩子，经常会在本来不属于它的地方突然出现，而且骨细胞也像孩子似的，管得越严就越淘气。换成医学术语就是：如果某个地方常年受压，或者因使用过度而磨损严重，导致发炎，就很容易生出多余的骨组织。如果这多余的部分长在骨头上，就是俗话说的骨刺，问题还不太大。但是如果人体的其他组织内突然生出一小块骨组织，问题就大了。最常见，也是最糟糕的一种情况就是腱组织里面突然生出骨组织，它们会让腱变得非常脆弱，很容易发生折断。这种病目前无药可治，只能通过加强锻炼，增强腱周围肌肉的力量，减少对腱的依赖。

要想找出治疗方法，首先必须弄清骨细胞为什么会在陌生的地方生长。这方面的第一个重大发现早在1965年就做出了，一位美国科学家意外地发现了一种能够刺激骨细胞生长的蛋白质，取名为“骨形态发生蛋白”（Bone Morphogenetic Protein，简称BMP），这种蛋白属于一个更大的信号蛋白家族，它们的功能是指导各种组织在合适的地方生长。可惜的是，因为缺少合适的实验模型，该领域在此后很长一段时间都没有太大的进展。

于是有人想到，也许可以通过研究“进行性肌肉骨化症”（Fibrodysplasia Ossificans Progressiva，简称FOP）病人来研究骨组织增生。FOP是一种非常罕见的遗传病，目前全世界仅仅报告了大约700例。病人在未发病时除了大脚趾较短外，几乎没有任何征兆。但是一旦发病，则病人身体上的任何部位都有可能长出骨组织来，最终病人会被增生的骨组织“冻”住，完全失去活动能力，以至于很多病人需要提前选择到底以何种姿势度过余生，或坐或躺，一旦定下就无法改变。

这种病最厉害的地方在于，如果医生动手术切掉多余的骨组织，则手术部位因为受到刺激而会加速骨化，反而得不偿失。正因如此，这仅有的700名病人绝大多数都未经治疗，这就给科学研究带来了很大困难。但是，因为这种病相当于骨组织增生的极端情况，从研究者的角度看属于优质实验材料，所以科学家们还是没有放弃，并通过多年的努力，终于在2006年弄清了此病的成因。

原来，FOP病人体内的一个名为ACVR1的受体发生了基因突变。这种受体存在于大多数细胞的表面，正常情况下它们只有在遇到BMP时才会被激活，并开启骨细胞的生长模式。突变后的ACVR1受体永久性地处于激活状态，导致身体任何部位都有可能长出骨头来。

有了这个发现，接下来的事情就顺利了。科学家们很快证明，大多数情况下的骨组织增生都与该受体的活性异常有关，并已经找到了一个可以抑制 BMP 受体活性的蛋白质，取名为 Noggin。有人在小鼠身上做了实验，发现 Noggin 真的可以减少小鼠跟腱内的多余骨组织。麻烦在于，Noggin 是一个体积很大的蛋白质，很难作为药物使用。于是又有人筛选出一种小分子化合物，在实验室条件下能够代替 Noggin 的作用。

目前科学家们正在紧锣密鼓地加紧研究，争取早日研制出一种新药，能够制服淘气的骨细胞。

最后，这个案例很好地说明了一个道理，那就是医学研究领域之所以发展得比其他科学领域（比如计算机）缓慢，最主要的原因就是缺乏实验材料。人不是机器，没法任由科学家们摆布。

（2012.1.9）

生物钟与心脏病

科学家第一次从分子水平上搞清了生物钟和心脏病之间的关系。

疾病分两种，一种是先天遗传病，很难治。另一种是后天得来的，又可称为“生活方式病”。如今这个词通常特指那些与现代化生活方式有关的疾病，比如糖尿病、癌症和心脏病，等等。其特征就是工业化程度越高的国家发病率也越高。这是因为工业化改变了人们的生活方式，但人的身体却是从原始社会进化而来的，对于如此快速的改变尚未适应，结果便导致了各种疾病的产生。糖尿病就是一个最明显的案例，古人的食谱里很少出现单糖，现代人则几乎是无甜不欢了。

还有一个生活方式的改变也很显著，那就是生活节奏。古代无电，也无喷气式飞机，所以古人几乎完全按照太阳的节奏生活，“日出而作，日落而息”。现代人则不然，不但经常加班，或者熬夜看球，甚至还有人把环球旅行当成了家常便饭，这些人的生物钟经常处于紊乱的状态，于是问题就来了。

简单来说，凡是生活在有光的地方的生物都必须根据一天中太阳的位置决定自己的生活节奏，适时调整新陈代谢的速率。比如，为了节约能源，一个在白天活动的动物一定会在太阳下山后把新陈代谢速率降下来，而一个昼伏夜出的动物则正好相反。指导这一切的就是生物钟，如果生物钟不准，必然会带来一系列问题。

关于生物钟的研究近年来非常热门，原因在于科学家发现很多疾病都与此有关。比如，大量研究表明神经系统退行性改变（Neurodegeneration）和生物钟的失调有很大关系，只是大家一直不敢肯定谁是因谁是果。美国俄勒冈州立大学的科学家用果蝇做实验材料，终于第一次证明生物钟确实就是罪魁祸首。研究人员用各种办法打乱果蝇的生活节奏，然后测量其神经系统的健康状况，发现两者存在明显的因果关系。

这篇论文发表在2012年1月出版的《疾病神经生物学》（*Neurobiology of Disease*）杂志上。文章指出，果蝇虽然比人类简单得多，但果蝇体内的很多与生物钟有关的基因都能在人体基因组中找到对应，这说明生物钟对于生命来说非常重要，这么多年来一直没有太大的改变。

还有一种人类常见病和生物钟有关，那就是心脏病。众所周知，突发性心脏病大都发生于清晨或者深夜，这一点让科学家们一直怀疑它与生物钟有关，只是一直没能找到证据。心电图技术被发明出来后，科学家们注意到心脏病的一个重要前兆就是 Q-T 间期失常，这个 Q-T 间期是心电图术语，可以简单理解为两次心跳之间的时间间隔，也就是心肌细胞准备下一次收缩所需要的时间。Q-T 间期太长或者太短都可导致“室性心律失常”（Ventricular Arrhythmias），后者一直被认为是心脏病的主因。

那么，到底是谁控制着 Q-T 间期呢？答案就是生物钟。早有证据显示，Q-T 间期和血压、心率、血管张力等其他心血管系统指标一样，具有清晨升高、深夜降低的特征，具备很强的周期性。此前也有研究证明，人体生物钟的失常可以导致 Q-T 间期的改变，只是科学家们一直没能找出相应的分子证据。

这个缺憾被来自美国凯斯西储大学医学院（Case Western Reserve University School of Medicine）和贝勒医学院（Baylor College of Medicine）的科学家补上了。两家研究机构的科学家刚刚在 2012 年 2 月 22 日出版的《自然》杂志网络版上发表了一篇论文，从分子水平上解释了生物钟对 Q-T 间期的控制方式。

原来，人体内有一组基因调控因子名叫“克鲁佩尔样因子”（Klf），其中 Klf15 能够以 24 小时为周期改变自己的调控能力，也就是说它具备了生物钟功能。研究人员通过蛋白质组分分析的方法找出了 Klf15 的调控对象，竟然是一个名为“KChIP2”的钾离子通道蛋白。顾名思义，这个蛋白质是心肌细胞表面钾离子通道的重要组成部分，它直接决定了通道的大小，而钾离子通过细胞膜的速度和心肌细胞收缩间隔期的时间有关，也就是说，生物钟正是通过调节钾离子通道的大小来控制 Q–T 间期的。

这是科学家第一次从分子机理上搞清了生物钟是如何控制心血管系统功能的，这个发现有助于科学家研制出针对性的药物，降低心血管疾病死亡率。对于普通人来说，这个发现意味着我们应该尽量保持生活规律，如果万不得已必须打乱生物钟的话，那就得小心别得心脏病。

（2012.3.5）

抗癌鸡尾酒

癌细胞像细菌一样，能够对抗癌药产生抗性突变，导致药效大减。新的思路是同时使用几种不同的抗癌药，希望能减少抗性出现的概率。

达尔文的伟大之处，不仅限于写出了《物种起源》，为生物进化找到了依据，更是因为他在这本书中提出的适者生存理论可以用来解释很多生命现象。比如，病菌产生抗性这件事就是该理论的必然结果。

举例来说，该理论预言，当细菌遭遇到来自抗生素的生存压力时，只要细菌的样本数量足够大，必然会有个把细菌发生基因突变，获得了针对该抗生素的抵抗能力。于是这个细菌活了下来并迅速繁殖，最终代替了原来的菌株，导致该抗生素失效。

该理论还预言，细菌并不会主动去产生抗性，抗性的产生是一个随机发生的小概率事件，其发生频率在大多数情况下严格遵循数学定律。举例来说，如果某菌株对抗生素A产生抗性的概率是百分之一，对抗生素B产生抗性的概率是千分之一，那么该菌株同时对A和B产生抗性的概率是前两个数字相乘的结果，即十万分之一。当年美籍华裔科学家何大一就是利用了这一特点，设计出了抗艾滋病的鸡尾酒疗法，将已知有效的 2 ～ 4 种抗艾滋病药物合起来一起使用，最大限度地降低 HIV 病毒进化出多重抗性的概率。

那么，这套思路能否运用到抗癌领域呢？这个想法在几年前还属于天方夜谭，因为过去的医生没有把癌症和传染病联系在一起，总以为细胞一旦发生癌变就固定了。但是，随着基因测序技术的进步，人们发现癌细胞其实也是在变化的，一个病人体内不同位置、不同时期的癌细胞很可能有着完全不同的基因突变。换句话说，癌的发展过程很像生物进化，是树枝形的。先是一个正常体细胞因为基因突变而摆脱了生长控制，成为癌细胞；等到癌细胞慢慢长成肿瘤后，又会有一个细胞通过基因突变而获得了迁移的能力，转移到人体的其他组织或器官继续生长；如果此时加入一种抗癌药，对癌细胞施加压力，时间长了总会有个把癌细胞因为突变而产生出抗性，绕过抗癌药，继续生长并扩散。

事实上，这就是大多数癌症一直无法根治的主要原因。

那么，有没有可能仿照抗艾鸡尾酒疗法，给癌细胞也调制一杯抗癌鸡尾酒呢？答案似乎是肯定的。不久前的一次抗癌临床试验就为我们演示了什么叫做“无心插柳柳成荫”。

这次临床试验要检验的新药叫做 Cabozantinib，简称卡波（Cabo）。此药的设计功能是阻断癌细胞表面的 c-MET 受体，该受体让癌细胞具备了扩散的能力，所以医生们希望卡波能够防止前列腺癌扩散到骨头中去，导致骨癌，这种情况在前列腺癌症患者当中经常发生，是前列腺癌的危险所在。

研究人员为108名晚期前列腺癌患者施药，效果令人惊讶的好，82名患者的肿瘤要么明显缩小，要么干脆消失。如此显著的疗效让医生们大吃一惊，因为他们以前曾经试验过其他一些防扩散的抗癌药，没有一种具备卡波这样神奇的效果。

进一步研究终于找到了原因所在。原来卡波还有一种事先没想到的功能，那就是切断肿瘤的血液供应，将癌细胞饿死。也就是说，卡波同时具有两种不同的疗效，这就减少了癌细胞进化出抗性的概率，最终导致癌细胞"躲过了初一，躲不过十五"。

那么，有没有可能是"切断肿瘤血液供应"这个功能单独造成的效果呢？答案显然是否定的。作为抗癌新思路，近年来有一批专门切断肿瘤血液供应的新药问世，但无一例外都导致癌细胞产生了抗性，疗效不佳。比如，作为美国FDA批准的首个抑制肿瘤血管生长的标志性抗癌药，阿瓦斯汀（Avastin）在刚出来的时候被誉为神药，为其开发者基因泰克（Genentech）公司挣到了大钱。但实际使用的效果很不理想，主要原因就是肿瘤进化出了抗性。

2011年10月被美国FDA批准的新一代抗癌药威罗菲尼（Vemurafenib）也出现了这一问题。此药是专门针对一种强致癌基因BRAF突变而开发出来的，但在实际应用时发现，很多癌细胞会进化出另一种Ras突变，绕过了BRAF通路，威罗菲尼也就没用了。

为了解决这个问题，科学家们试图复制卡波的成功模式，在病人身上尝试同时使用几种不同的抗癌药。比如，研究人员正在尝试在威罗菲尼之外，再给病人服用一种专门针对 Ras 突变的新药 Dabrafenib，来个双管齐下。另一个临床试验则把阿瓦斯汀和一种 c-MET 阻断剂 Onartuzumab 合起来使用，希望能像卡波那样为病人带来双保险。

（2012.4.16）

马兜铃与肾病

马兜铃是一种已经被使用了上千年的草药，但在现代科学发展起来之前，没人知道它能导致肾病。

1991年的某一天，比利时布鲁塞尔一家诊所来了两位女病人，年纪轻轻却都得了急性肾病（Nephropathy）。主治医生让－路易斯·范赫维根（Jean–Louis Vanherweghem）详细询问了两人的病情，发现她俩都在近期服用了一种减肥药。这药来自一家新开张的中药店，店主根据中医理论自配了一种减肥药，在当地卖得不错。

范赫维根没有证据证明这种草药有毒，但他记住了这件事，一直留心观察。次年，他又发现了7例这样的病例，得病的全都是在这家药店买减肥药的年轻妇女。这下他坐不住了，将此事写成论文，于1993年2月13日发表在著名的《柳叶刀》（*Lancet*）杂志上。第二年他又做了一个更加广泛的调查，找到了70名同样因吃这种减肥药而得了肾病的妇女，其中30人已经病故了。这篇论文再次发表在《柳叶刀》杂志上，“中草药肾病”（Chinese Herbs Nephropathy）这个词开始流行起来。

此文一出，法国、英国、比利时和澳大利亚等国先后宣布禁止销售这种减肥药，并着手调查到底是哪种成分导致了肾病。科学家们将减肥药的主要成分分离出来，依次进行动物实验，终于把焦点锁定在其中的一味中药广防己（Aristolochia fanchi）上。广防己是马兜铃科的植物，这一科的植物都含有马兜铃酸，实验表明马兜铃酸能够让小鼠得肾病，原因不明。

马兜铃是一种遍布全世界的草药，早在公元前300年就被亚里士多德（Aristotle）的学生记到了药典上，这就是马兜铃的学名Aristolochia的来历。马兜铃的茎秆弯曲，很像女人的生殖道，因此欧洲人认为它可以加快月经血的排放，甚至还有助产的功效，这就是为什么马兜铃的英文名字是Birthwort，字面意思可以理解为“生殖草”。

虽然马兜铃已经被使用了两千多年，但它的毒性直到20世纪60年代末才第一次为人所知。原来，巴尔干半岛的多瑙河谷地有一些村庄的居民得肾病的比例很高，还有很多人因此而得了“上泌尿道上皮细胞癌”（UUC）。医生们一直找不出原因，只能将此病笼统地称为“巴尔干地方性肾病”（Balkan Endemic Nephropathy）。1969年，有位克罗地亚医生前往调查，发现病人所在的村庄附近的麦田里都混杂了大量马兜铃，当地人有可能是吃了混有马兜铃种子的面包后导致的中毒。但他的这个想法缺乏实验证据，一直没能引起足够的重视。

值得一提的是，马兜铃科植物也是很多中药的重要成分，尤其是销量很广的龙胆泻肝丸里面含有的关木通就属于马兜铃科。古方中这味药用的是木通，但因为木通难求，自20世纪30年代开始用关木通代替，另一味中药防己也是这样被广防己代替了。减肥药的事情出来后，中国卫生部反应迟缓，直到2003年才正式宣布禁止生产和销售含有马兜铃酸的中药。

那么，马兜铃酸有没有可能是被冤枉的呢？要想回答这个问题，就必须把它的致病机理搞清楚。纽约大学石溪分校的药理学教授亚瑟·格罗曼（Arthur Grollman）接受了这个挑战。他采用了一种新的技术，在患者的肾皮质中发现了马兜铃酸和DNA相结合后生成的加合物，接着他又发现了这种加合物能够致癌的证据。简单来说，人体内有个P53基因，其正常功能是抑制癌细胞生长，如果该基因发生突变，失去效力，癌细胞就不受控制了。有趣的是，虽然基因突变可以有多种形式，但那些肾病患者当中有一种A–T到T–A的特殊突变形式占有相当大的比例，和马兜铃酸有着非常明显的对应关系，只要检测到A–T到T–A突变，就几乎肯定可以找到马兜铃酸和DNA的加合物。也就是说，这个加合物，以及A–T到T–A的突变形式，都可以作为患者吃过马兜铃的标志性证据。

格罗曼将研究结果写成论文，发表在2007年2月9日出版的《美国国家科学院院报》上。这篇论文提出，中草药肾病和巴尔干地方性肾病从本质上说就是一种病，都是马兜铃酸引起的。但是这篇论文只研究了少数病人，还需要流行病学研究作为支持。格罗曼选择了中国台湾地区，因为有1/3的台湾人曾经服用过含有马兜铃酸的中药，而台湾地区有12%的人患有慢性肾病，发病率位居世界首位，被称为“透析之城”。

格罗曼和台湾地区科学家合作，找到了151名UUC病人。这些病人的肾皮质和癌细胞分析结果再次证明，马兜铃就是罪魁祸首。这篇论文发表在2012年4月9日出版的*PNAS*杂志上，格罗曼在文章最后指出，马兜铃酸和DNA加合物可以在人体内存在很长一段时间，凡是服用过此类中药的人，无论多久以前服的，患肾病和UUC的概率都会比普通人高，应该加强警惕。

（2012.4.23）

艾滋病为什么难治？

到目前为止，全世界只发现了一个被治愈的艾滋病病例，但是这个病例最近受到了部分科学家的质疑。

现代医学发展到今天，为什么还有那么多疾病尚未找到治愈的方法呢？可能的原因有三个：第一，某些疾病确实很难治，比如癌症。第二，某些疾病很容易自愈，而且病情也不重，以至于科学家没有足够的动力去研究它们。流感就是一个典型的案例，绝大部分流感患者都能自愈，实在想防的话也可以选择事先打一针流感疫苗，所以攻克它的动力不大。还有一类俗称“孤儿病”的疾病，患病人数太少，同样缺乏研究动力。第三，某些疾病的研究难度太大了，艾滋病就是最典型的一个。艾滋病研究者不可能拿人来做实验，不像胃溃疡或者肺结核什么的，即使出了差错也可以挽救。更重要的是，胃溃疡或者肺结核这类疾病有大量自愈的先例，科学家可以通过研究这些自愈病例，找出治疗的法门，这在科学上叫做“原理论证”（Proof of Principle）。大意是说，自愈的案例即使只有一例，也是非常重要的，它从原理上证明这种病是可以治疗的，因此科学家可以不用担心自己白费功夫，只要想办法模仿这个自愈过程，就能保证成功。

可是，艾滋病爆发这么多年来，科学家们一直没能找到一个自愈的先例。别说自愈了，截至2011年，科学家们就连一个治好的病例都找不到。事实上，2011年12月出版的《血液》（*Blood*）杂志，是“治愈”这个词第一次和艾滋病联系在一起。

事情要从1995年说起。一位名叫提摩西·布朗（Timothy Brown）的旧金山居民被检查出感染了HIV病毒，此后他一直靠吃药控制病情。2006年，他因患急性白血病前往德国柏林接受治疗，医生为他做了骨髓移植手术。但是，骨髓的捐献者有些特殊，此人的骨髓不但和布朗的遗传型相配（因此不会发生免疫排斥反应），而且还是CCR5基因突变型。

这个CCR5代表一个突变了的基因，它编码一种特殊的淋巴细胞表面受体。带有这个突变受体的人血液中的T型淋巴细胞的正常功能会受影响，但却有个好处，那就是阻止天花病毒和艾滋病毒的入侵。这两种病毒都是通过T型淋巴细胞表面受体而进入人体的，突变后的表面受体无法被病毒所利用，因此也就逃过了病毒的魔爪。

天花曾经在欧洲历史上爆发过很多次，因此欧洲人种中大约有10%的人带有这个CCR5突变，亚洲和非洲人种则很少。布朗在2006年和2007年两次接受了骨髓移植，用的都是 CCR5 突变骨髓。移植手术完成后布朗便停止了吃抗艾药，但奇怪的是他体内的 HIV 病毒却逐渐减少，到最后甚至用常规方法都检测不到了。此事一经披露，立刻在医学界引起了很大轰动。但为了保护病人隐私，布朗的身份一直没有公开，大家便用“柏林病人”这个绰号来称呼他。

2009 年，《新英格兰医学杂志》（*NEJM*）第一次发表论文报道了此事，布朗的身份也首次被公开了。在这篇论文中，多个实验室用不同的方法对布朗的血液样本进行了化验，证明已检测不到 HIV 病毒，但论文作者并没敢使用“治愈”这个词，直到 2011 年科学家们再一次对布朗的血液进行化验，这才敢把布朗称为“全世界第一例完全治愈的艾滋病人”。

虽然只此一例，但它给医学界带来的冲击却是惊天动地的。如果这一案例最终获得证实，就将从原理上证明艾滋病是可以治愈的。问题在于，布朗真的被治愈了吗？

2012 年 6 月 5 ～ 8 日在西班牙小镇西切斯召开的国际艾滋病和肝炎大会上，来自美国加州大学旧金山分校的史蒂文·于科尔（Steven Yukl）博士向与会代表报告了最新的研究结果。科学家们使用更加灵敏的检测仪器，在布朗的血液中检测出了极少量的 HIV 病毒，又利用 DNA 体外扩增技术（PCR）在他的直肠细胞中测出了 HIV 基因片段。这个报告就像一盆冷水浇到了大家的头上，难道这唯一的治愈案例竟然不是真的？

进一步分析发现了两个奇怪的现象：第一，血液中的HIV病毒片段是残缺不全的，本身无法进行复制；第二，直肠细胞中检测出的HIV基因片段和布朗以前感染的艾滋病毒基因顺序不完全一样。这一点可以有两种解释：一、布朗体内的HIV病毒发生了遗传变异；二、布朗经受了二次感染，被传染了新型的HIV病毒。

因为这只是一次会议报告，很多数据不全，所以上述疑问还有待进一步研究才能给出答案。于科尔发言称，他之所以提交了这份报告，是为了重新开始新一轮讨论。他想通过布朗的病例，促使医学界重新定义什么叫做“治愈”。

比如，科学家们最想知道的一点就是，以布朗现在的状况，他是否还具备传播病毒的能力呢？如果他体内的病毒不再具有传染性，也不会导致艾滋病，那么即使还能检测出残片，也许仍然可以被称为“治愈”。

（2012.6.25）

产前诊断技术的新突破

新的产前诊断技术将可以让父母们提前知道胎儿的全部基因组顺序。

你想在孩子出生前知道他 / 她是否患有遗传病吗？大多数父母应该是愿意的，但必须同时满足以下几个条件：第一，诊断结果必须非常准确；第二，时间尽量早，以便能及时采取措施；第三，诊断过程一定要简单、安全而且廉价。虽然说起来很简单，但是科学家们一直没能找到能够同时满足这三项条件的产前诊断技术。

目前比较流行的产前诊断技术是羊膜穿刺术，即从发育胎儿周围的液囊中抽少量样本，从中找出胎儿身上脱落的细胞，然后进行基因测序。此法比较准确，价格也不高，但它属于侵入性方法，对胎儿和孕妇的影响都太大了，而且容易导致流产，所以很多母亲不愿意采纳。

如果你出于某种原因一定要预先知道胎儿的情况，办法也是有的，那就是先进行体外受精，然后等胚胎在试管里长到一定大小后，想办法取出一点 DNA 进行测序。但显然这个方法只适用于极少数有钱人，以及特殊情况的夫妇，普通老百姓是玩不起的。

20世纪90年代，有人在孕妇的血液中发现了少量胎儿DNA，这些DNA存在于细胞之外的血浆中，据猜测它们可能是胎儿细胞死亡后逃逸出来的。问题在于，胎儿DNA只占血浆游离DNA的10%多一点，其余的都是来自母亲自身的DNA，这就给遗传检测带来了很多麻烦。幸运的是，随着DNA测序技术的进步，这么一点游离DNA已经足够用来做产前检测了。

2010年，香港中文大学的丹尼斯·罗（Dennis Lo）教授发明了一种检测方法，只需少量孕妇血样，就能有效地检测出胎儿性别以及唐氏综合征等几个比较常见的遗传性疾病。可惜这个方法不够灵敏，无法知道更多的信息。而且此法只能检测到来自父母的遗传变异，没办法查出新的随机突变。

此后，DNA测序技术又发生了几次质的飞跃，这就给科学家们提供了新的武器。美国华盛顿大学的杰·申杜里（Jay Shendure）教授及其同事利用新的测序技术，结合一种新的算法，只需采集几滴孕妇的血样，再加上孩子父亲的唾液样本，就能测量出胎儿全部的基因组顺序。

简单来说，科学家们先利用先进的DNA测序技术对游离DNA进行大量的重复测序，同时再单独测出婴儿父母亲的DNA序列，用计算机对这些数据进行分析后，便可以把母亲的DNA序列和婴儿区别开来，从而构建出婴儿的整个基因组顺序。

从优生学的角度看，测量出胎儿全部基因组序列的好处是很多的。比如，目前已经发现了三千多个孟德尔式遗传病基因，它们合起来占到婴儿总数的1%左右。这三千多个基因和遗传病存在着一一对应的关系，也就是说，一旦发现婴儿带有其中任何一个，那么可以百分之百地肯定这个婴儿将来会得某种遗传病。大名鼎鼎的唐氏综合征、马凡氏综合征和囊性纤维化病（Cystic Fibrosis）等都属于此类。这些遗传病都会给孩子带来永久性伤害，而且目前没有很好的治疗方法，如果事先知道这个结果的话，多数父母应该都会选择堕胎。

值得一提的是，这3000种遗传病基因大部分来自父母，但也有大约20%来自随机突变，这是罗教授的方法检测不到的，必须用申杜里教授发明的方法才能检测出来。

为了验证此法的准确性，申杜里教授及其同事先找到一位怀孕18.5周的孕妇，通过此法测出了胎儿的基因组顺序，等孩子生下来后，科研人员再测量新生儿的基因组顺序，并和前者做对比，发现总体准确性高达98%，而且真的发现了44个随机突变中的39个。但是18.5周已经过了堕胎的最佳时间，于是研究人员又找了一位怀孕8.2周的孕妇，用同样的方法进行检查，发现准确率仍然达到了95%。

研究人员将结果写成论文，发表在2012年6月6日出版的《科学·转化医学》（*Science Translational Medicine*）

杂志上，立即引来了媒体的广泛关注。支持者认为这将有助于父母们避免生出患有遗传病的孩子，反对者则认为这项技术会增加非健康因素的堕胎概率，比如有的父母希望生出个蓝眼睛或者高个子的孩子，等等。但是科学家们指出，从目前的遗传学研究水平来看，希望通过胎儿的基因组序列挑选某种特征的愿望很不现实，谁也没有把握。

当然，这项技术目前还很不成熟，准确率仍然太低，费用也太过昂贵（大致在2万～5万美元之间），距离临床应用还有不小的距离。但是有些乐观的科学家估计，随着DNA测序技术的进步，再过三五年这项技术就可以达到临床标准了，费用也会降到大众可以接受的程度。问题是，到那时你真的会去做吗？

（2012.7.2）

炎症反应是一把双刃剑

炎症反应是免疫系统开始工作的标志，但如果是慢性炎症，则有可能最终变成癌症。

胃癌是中国最常见的恶性肿瘤之一，胃癌的发病率有个奇怪的特点，那就是男性比女性高，农村人口比城市人口高。比如，中国男性的胃癌发病率大约是女性的两倍，农村人口发病率大约是城市人口的1.6倍，两者的差别均十分显著。

为什么男人更容易得胃癌呢？这个问题曾经有过很多种解释。有人认为这是生活方式和饮食习惯的差异所致，也有人认为这是因为吸烟的男人远比女人要多。但越来越多的研究显示，这是男女本身的遗传特性所决定的，属于内因，和外部因素关系不大。

具体来说，大量证据表明慢性炎症能够导致癌症。某些病菌，尤其是大名鼎鼎的幽门螺杆菌，能够诱发消化系统炎症反应，最终导致胃癌。流行病学调查显示，雌激素（Estrogen）能够降低慢性胃炎的发病率，从而降低胃癌的风险。比如，雌激素水平高的女性，以及停经较晚的女性，其消化系统炎症的发病率比普通女性要低，而她们的胃癌发病率也较低。

为了搞清雌激素的作用机理，美国麻省理工学院（MIT）比较医学研究所所长詹姆斯·福克斯（James Fox）博士决定用小鼠来做研究。首先，他和同事研究了被摘除卵巢的雌鼠，发现胃癌的发病率果然升高了。然后，研究人员又想办法让雄鼠患上胃炎，再为它们强行注射雌激素，结果发现注射雌激素后的雄鼠没有一只得胃癌，而未注射雌激素的雄鼠则有 40% 陆陆续续患上了胃癌，这个结果进一步证明雌激素确实能够保护小鼠不得胃癌。

接下来，研究人员分析了雄鼠在接触雌激素前后的基因变化，发现了大约 60 个受雌激素影响的基因，其中最引人注意的就是 CXCL1 基因，该基因编码一种免疫调节因子，能够激活嗜中性粒细胞（Neutrophils），使其参与免疫反应。通常情况下，如果人体消化系统受到幽门螺杆菌的感染，CXCL1 基因就会开始工作，并招募来大量嗜中性粒细胞对来犯之敌发动攻击，这在临床上表现为消化系统炎症。雌激素以某种尚未被完全搞清楚的方式干扰了 CXCL1 蛋白质的功能，从而降低了消化系统炎症反应的强度，胃癌的发病率就是这样被降下来的。

这个理论也可以部分地解释为什么农村的胃癌发病率普遍高于城市。虽然农村人比城市人更容易吃到新鲜的所谓“有机”蔬菜，但因为农村卫生条件差，农民们受病菌感染的概率高，比城里人更容易得消化系统炎症。

与小鼠 CXCL1 蛋白对应的是人类的白细胞介素 -8（IL-8），顾名思义，白细胞介素的主要功能就是调节免疫细胞的活性，是炎症反应的发起者。越来越多的研究显示，包括癌症和心血管疾病这两大杀手在内的多种人类疾病都和炎症反应有某种关联，于是炎症反应便成为生物学研究的新热点，2011 年的诺贝尔生理学奖便颁给了三位研究炎症反应机理的科学家。

既然炎症反应有这么多害处，那就想办法尽量避免细菌感染不就行了？事情没那么简单，因为环境太干净了反而会得哮喘或者风湿性关节炎这类自身免疫病。顾名思义，自身免疫病的病因就是免疫系统错误地将自身组织当作敌人，并对其发动攻击。换句话说，自身免疫病就是在错误的时间和地点发生的炎症反应。

在 2012 年 7 月召开的欧洲科学开放论坛（ESOF）年会上，来自世界各地的免疫学专家举办了一个报告会，向听众介绍了炎症领域的最新研究进展。来自都柏林三一学院的金斯顿·米尔斯（Kingston Mills）教授指出，炎症反应是一把双刃剑，用好了能够抵抗病菌入侵，用不好则会导致各种疾病。发展中国家的人因为卫生条件差，得慢性炎症的比例高，容易诱发心血管系统疾病和癌症。与此相反，发达国家的人则因为环境太干净了，免疫系统长时间无用武之地，便开始向健康组织发动攻击，更容易患上自免疫疾病。

总之，无论是何种生活方式，太极端了都不好。

目前研究人员正在加紧研究白细胞介素，希望能找出调节其功能的方法，驯服炎症反应这头猛兽。

（2012.7.30）

乳腺癌的四大家族

一项由多国科学家联合进行的研究把乳腺癌按照基因的不同分成了四大类，每一类都需要有针对性地设计出不同的治疗方案。

关注医学研究最新进展的读者一定知道，近几年抗癌领域最大的突破就是修改了癌症的分类法。早年的医生是按照原发地点来定义癌症的，比如发生在肺部的就叫肺癌，以此类推。后来引进了抗体检测等生物化学手段，癌症的定义规则扩展到了蛋白质层面。比如乳腺癌就被分成了三个基本的类型：雌激素受体阳性（ER+）、人表皮生长因子受体Ⅱ型阳性（HER2+）和三阴性乳腺癌（TNBC）。

具体来说，第一种 ER+ 型是最常见的，同时也是病因最复杂的乳腺癌，这一类癌细胞通常是位于乳导管壁上的管腔上皮细胞，对雌激素有强烈反应，可以采用激素疗法，即干扰雌激素对癌细胞生长的刺激作用，从而达到抑制肿瘤生长的目的。第二种 HER2+ 型乳腺癌过去一直是一块难啃的骨头，致死率奇高，但后来科学家们找到病因后，发明出了专门针对 HER2 的靶向抗癌药赫赛汀（Herceptin），效果非常好，堪称人类抗癌史上具有里程碑意义的一个大事件。第三种TNBC指的是ER、HER2和孕激素受体（PR）这三种蛋白质受体的检测结果都为阴性的乳腺癌，通常位于乳导管的基底层，过去医生对这类乳腺癌的病因很不了解，基本上就只有化疗这一种治疗方式可用。

上述三种分类法比过去那种根据发病器官来定义癌症的分类法要先进多了，但还是不够精细，比如有些ER+类乳腺癌可以用激素疗法加以有效控制，另一些ER+乳腺癌却毫无反应。科学家们迫切需要开发出一种新的分类法，只有这样才能真正做到对症下药。

众所周知，癌症最根本的病因就是基因突变，只有测出癌细胞的基因突变位置才能从根本上定义癌症。但是俗话说得好，“工欲善其事，必先利其器”，DNA测序技术难度很大，成本也一直居高不下，科学家们心有余而力不足。人类基因组计划极大地刺激了DNA测序技术的进步，测序速度和精度以几何级数的速度在上升，价格则一直在飞速下降，目前的测序水平已经足以让科学家们对癌症的病因来一个大起底。

这个例子再一次证明，由政府资助的大型纯科学类研究项目不但本身具有重要价值，往往还会在很多其他方面产生奇妙的功效。当年的阿波罗登月计划是一例，人类基因组计划又是一例。

科学家们手里有了工具后，美国联邦政府便启动了癌症基因组图谱（Cancer Genome Atlas）计划，打算把几种常见癌症的所有基因突变型都找出来，为癌症制定一个新的定义规则。肺癌和结肠癌的图谱不久前刚刚被公布出来，2012年9月23日，《自然》杂志又报道了一个好消息，乳腺癌的基因组图谱也绘出来了。

这项研究一共分析了825名乳腺癌病人，重点放在了癌细胞扩散之前的病人身上。研究人员不光分析了病人癌细胞的基因顺序，还分析了相应DNA修饰的情况，以及相关RNA的所有类型。科学家们希望能通过这项研究，找出潜在的药物靶点，在乳腺癌细胞扩散之前控制并杀死它们。

研究结果显示，乳腺癌可以被分成四种基本类型，每一大类的下面还有很多亚型，需要分别对待。

乳腺癌的这四大家族和原先通过抗体检测而分出的三大类有些类似。简单来说，ER+型乳腺癌可以被分成A和B两大家族，这两种类型虽然都表现为雌激素受体数量增加，但A型可以通过阻断雌激素与其相互作用来达到目的，B型却必须辅以化疗才有可能见效。

第三大家族和上文所说的HER2+也很有关系，但研究人员发现在很多情况下HER2含量高的乳腺癌并不会对赫赛汀有反应，也就是说，仅仅通过化验HER2抗体的含量并不足以对其进行分类，还必须通过基因分析才能确定赫赛汀是否真的有效，还需要使用其他类型的HER2阻断剂。

第四大家族基本上对应着前文所说的TNBC型乳腺癌，但研究人员发现这一类乳腺癌从基因上讲和其他三类完全不同，反而更像卵巢癌，以及某一种类型的肺癌。

这个发现很有趣。通常情况下，这类基础性的研究往往距离实际应用还有很长的距离，但这个发现却可以立即派上用场。原来，治疗卵巢癌的特效药已经有了，如果上述理论被进一步证实的话，就可以用这种药来代替原来使用的一种蒽环类药物（Anthracyclines，俗称小红莓），这种药一直有争议，因为它能使心跳减缓，严重时有生命危险，很多乳腺癌患者都不敢吃它。

虽然这项研究的意义是如此重大，但那篇论文的主要作者之一、美国华盛顿大学医学院的马修·埃利斯（Matthew Ellis）博士还是相当谨慎，他没敢断言这项研究一定能保证彻底攻克乳腺癌，只是这样谦虚地评价自己的工作："这项研究的完成，标志着人类在了解乳腺癌遗传学机理的道路上迈出了一大步。"

（2012.10.22）

喝酒不疗伤

孕妇即使少量饮酒也会降低新生儿的智商，而成年人过量饮酒则更难应对创伤。

最近闹得沸沸扬扬的塑化剂事件让白酒成为食品安全领域的新热点，可就在大家把注意力集中到塑化剂毒性上面时，别忘了酒精本身就是一种对身体有害的物质。

先来说个明显的。孕妇尽量不喝酒，这已是常识。可如果碰到非喝不可的场合，少喝点行不行呢？查一下各国的孕妇健康指南，关于孕妇喝酒上限的说法很不统一，有的说一杯也不能喝，有的则认为每周喝几杯红酒没有问题。造成这个混乱局面的原因很简单：相关研究太难做了。

也许有人会说，这种研究应该很好做啊，找一组孕妇不喝酒，另一组孕妇喝少量酒，然后比较新生儿健康状况不就得了？这个思路当然没问题，但实行起来非常困难。一来，少量酒精对新生儿发育的影响是非常微妙的，需要极大的样本量才能看出差别；二来，这个差别往往需要等到新生儿长大后才能显现出来，研究时间很长；三来，孕妇不是实验动物，没法强迫她们按照实验者的意愿去生活，因此很难做到标准统一。

比如说，美国的一项研究表明，高龄孕妇和较为富裕的孕妇更喜欢在怀孕期间喝少量红酒，而这些人的营养条件和护理条件好于其他孕妇，这些差异很容易掩盖了酒精的危害，这就是为什么按照这个思路所做的研究大都得出结论说，孕妇少量饮酒对新生儿没有影响。

英国布里斯托大学和牛津大学的几名科学家决定换个思路，用基因分析的方法消除研究组和对照组之间的差异。已知酒精在人体内的代谢需要一些酶的参与，代谢速度取决于酶活性的高低，而酶活性则与基因有关，只要分析胎儿的基因型，就可以判断出胎儿代谢酒精的能力到底有多强，也就可以间接地知道胎儿发育期间到底有多大的可能性受到过酒精的伤害。

研究人员招募了 4167 名孕妇，用问卷的方式统计她们的饮酒情况，等到婴儿长到 8 岁时再测量他们的智商，以此来作为酒精影响发育的衡量指标。结果显示，胎儿的基因型越糟糕（酒精代谢能力低），智商就越低，两者平均相差 3.5 分。更重要的是，这种差别只在饮酒的孕妇当中才有，只要孕妇在怀孕期间喝过酒，哪怕每周只喝一杯红酒，都会带来上述智商的差别。于是，科学家们得出结论说，孕妇在怀孕期间即使只喝很少量的酒，也会给胎儿的智力发育带来负面影响。

这篇论文发表在 2012 年 11 月 14 日出版的《公共科学

图书馆·综合》期刊上，为此类研究提供了一个崭新的思路。这个思路之所以可行，很大原因在于科学家对于酒精的代谢机制有足够多的了解，因此才能排除其他因素的干扰，发现细微的差别。

下面要讲的第二个故事，更加说明了机理研究的重要性。有个成语叫做“借酒浇愁”，这是很多人过量饮酒的主因，他们相信饮酒可以让自己忘掉痛苦，可实际上过量饮酒的效果往往正相反，会让酒鬼们更加焦虑，已经有很多研究证实了这一点。2012 年 9 月 2 日出版的《自然》杂志神经生物学分册上刊登了一篇论文，从另一个角度研究了过量饮酒和心理创伤的关系。该文认为，过量饮酒不但可以导致焦虑，而且还可以让饮酒者更难应对已有的创伤。

每个人应对创伤的方式都不相同，多数人一旦脱离了那个环境，很快就能恢复正常，可有一些人则很难从创伤中恢复过来，一直沉浸于那种痛苦的思绪中无法自拔，这就是“创伤后应激障碍”（Post-traumatic Stress Disorder，简称 PTSD）。

酒精为什么会导致 PTSD 呢？来自美国国家酒精滥用与酒精中毒研究所（NIAAA）的几名科学家决定用小鼠来研究一下这个问题。他们先是给小鼠喂酒精，其含量大致相当于人类法定驾车饮酒量上限的两倍，然后再电击小鼠，并在每次电击前播放铃声，让小鼠把铃声和电击联系起来。一段时间后，研究人员只播放铃声不再电击，对照组的小鼠很快就不再害怕铃声了，但是饮酒组的小鼠在很长一段时间内都会保持对铃声的恐惧，一听到摇铃就待在那里不敢动弹。也就是说，这批小鼠患上了 PTSD。

之后，研究人员对这批小鼠的大脑进行了解剖分析，结果显示过量饮酒的小鼠其大脑前额叶皮质部分的神经细胞形状发生了显著改变，神经细胞之间的连接方式也变了。除此之外，一种名为 NMDA 的受体的活性被酒精抑制了，而这种受体是学习和记忆过程中一类至关重要的受体，对于神经元的形状和可塑性的形成等均有影响。

这个结果听起来有些抽象，但却是科学家们首次搞清了酒精导致 PTSD 的作用部位。这个结果不但说明酒精确实能够导致 PTSD，而且能够帮助科学家们找到彻底根治 PTSD 的方法。

总之，上述这两个实验都说明酒精是一种毒药，眼看年关将近，大家饮酒一定要适量哦。

（2012.12.31）

癌症筛查与暴力求解

科学家们采用了一种看似很笨的方法，
找出了八十多个新的致癌基因。

众所周知，癌症和基因的关系非常密切，先天带有某种致癌基因的人，患癌症的概率有可能比正常人高很多倍。随着基因测序成本的不断降低，基因检测极有可能代替原来的触摸法、X光法或者抗体化验法，成为癌症筛查的有力工具。

事实上，有几个致癌基因已经被研究得很透彻了，具备作为筛查目标的潜力。比如，著名的乳腺癌基因BRCA1和BRCA2的致癌机理已经很清楚了，携带其中一种基因的妇女在80岁之前有2/3的可能性患上乳腺癌，如此高的概率足以让她们提高警惕，提前采取预防措施。

另外，携带BRAC1基因的妇女当中有45%的人会在有生之年得卵巢癌，这个概率也很吓人，足以引起携带者的警觉。

所幸这两个基因在普通人群当中的分布频度不是很高，每300名妇女当中只有一人携带其中的一种。这样算下来，如果只针对这两个基因进行大规模筛查的话有些不合算。但是，除了它俩之外还有很多种基因都能致癌，如果能一次性将这些基因全都查一遍，那么这种筛查就合算了。问题在于，癌症和基因相关性的研究难度很大，上述这两个基因花了很长时间才研究清楚。按照这个速度，要想找出其余的致癌基因还得等上很多年。

为了加快进度，欧盟委员会于2009年拨出一笔专款，启动了“癌症基因与环境合作研究计划”（COGS）。该计划联合了全世界多家研究机构，试图找出乳腺癌、卵巢癌和前列腺癌的致癌基因。之所以选择这三种癌症，一来它们都是极厉害的人类杀手，合起来全世界每年新增250万新病例，其中1/3的病人死亡。二来它们都和性荷尔蒙有关系，在致癌途径和机理等很多方面都是相似的。

该计划的牵头者是英国剑桥大学癌症研究中心，他们联合了全世界一百三十多家科研机构的一千多名科学家，分析了20万人的基因组，这其中有一半人患有上述三种癌症之一，另一半人作为对照。科学家们希望通过对比分析，找出与癌症有关的所有基因突变。

2013年3月27日出版的《自然——遗传学分册》（*Nature Genetics*）一口气刊登了五篇论文，向全世界公布了这项计划的成果。科学家们发现了八十多个新的致癌基因，一下子将已知的致癌基因总数增加了一倍多。虽然大部分致癌基因都只能将患癌概率提高一个百分点，但这些突变具有累积效应，如果一个人同时含有好几个这样的突变，那么他患癌症的可能性就会大大增加。

举例来说，普通女性一生中得乳腺癌的概率大约为1/8，但有1%的女性体内携带有好几种致癌基因，使得她们一生中患乳腺癌的概率提高到了50%。同样，普通男性一生中得前列腺癌的概率也是1/8左右，但有1%的男性体内携带好几种致癌基因，他们患前列腺癌的概率也提高到了50%。

也就是说，如果针对这些基因进行一次筛查，找出这1%的人并采取专门的预防措施的话，就能极大地降低癌症发病率和死亡率。要知道，癌症的致死率和发现的时间有着极为密切的关系，发现得越早治愈率越高。

需要指出的是，这种筛查不是测出全部的基因组顺序，而是专门针对这几个基因进行的定点筛查，其成本是很低的。有人估计，再过五年这类筛查的成本就会降到每人5欧元，这就相当于一次普通的体检，大部分人都负担得起。

不过，在这件事里，价格并不是最关键的因素。类似的基因筛查是否能大规模应用，关键在于老百姓能否正确解读筛查结果。有些癌症，尤其是老年男性的前列腺癌，是不必过分担心的。这是一种慢性癌症，病人往往还没等到癌细胞扩散就死于其他疾病了。

那么，这项计划为什么在如此短暂的时间里就取得了如此巨大的进步呢？关键就在于计算机技术的大规模应用。在计算机的帮助下，科学家们不必了解具体的致病机理，就可以从浩如烟海的数据库里寻找出细微的关联。有人将这种分析方法称为“暴力求解”，这方面最有名的例子大概要算爱迪生当年寻找灯丝材料的实验了。爱迪生不了解灯丝发光的原理，因此他采用了一种看似很笨的方法，把他能找到的所有材料统统拿来试了一遍，最终发现碳化的竹丝可以担当此任。

“暴力求解”看似愚笨，有时却能有奇效。在如今这个计算机的运算能力早已超出人脑无数倍的时代，“暴力求解”反而变成了一种最聪明的办法。

也就是说，科学研究的范式正在被计算机所改写。

（2013.4.8）

还差两个

> 有研究认为，禽流感病毒只需五个基因突变就可成为恶性病毒，H7N9已经有了三个突变，还差两个。

前段时间闹得沸沸扬扬的H7N9禽流感至今仍然没有大规模流行开来，这是否意味着国家卫生部门小题大做，导致了不必要的经济损失呢？要想回答这个问题，光凭推理是不行的，一定要做实验，用数据来说话。

从道理上讲，一种传染病必须满足两个条件才会引起卫生部门的高度重视，缺一不可。首先，它必须具备很强的毒性，这个很好理解；其次，它的传染性也必须很高，否则很难流行开来。幸运的是，对于像流感这样的病毒性传染病来说，这两个条件是互相矛盾的，很难同时存在，因为病毒无法独立生存，必须寄生于宿主体内，和宿主共存亡，如果病毒毒性太强，宿主都被迅速地杀死了，病毒也就跟着完蛋了。

换句话说，即使自然界突然出现了一种高致命性病毒，它的毒性也会逐渐减弱，最终和宿主达成某种平衡。这是达尔文进化论的推论之一，至今已被验证了无数次，人流感就是如此。人流感病毒虽然极易传播，但致死率很低，大多数身体健康的人都不会有太大的问题。

禽流感和人流感正相反，它致死率很高，但不易传播。能够在人之间传播的禽流感历史上只发生过极少的几次，比如 1918 年的那次禽流感大流行就是如此。相比之下，最近出现的 H5N1 和 H7N9 都不具备大规模人传人的能力，这是因为这两种禽流感病毒的入侵部位都是在肺部的深处，病毒很难通过咳嗽等方式被释放出来。

说到病毒感染，很多人有个认识上的误区，他们相信只要接触了某种病毒就一定会被感染上，其实问题没有这么简单。前文说过，病毒无法独立生存，必须侵入宿主的细胞内，依靠宿主提供的 DNA 或者 RNA 合成酶来复制自己才行。细胞表面都有一层细胞膜保护，不可能轻易让病毒进来。最终成功的病毒都是通过伪装自己而达到目的的，比如，禽流感病毒的表面带有一种血凝素（H）分子，能够和鸟类肠道细胞表面的唾液酸分子相结合，这种唾液酸分子的作用就是吸附并吸收外界的营养物质，当它和血凝素分子结合后，误以为对方是某种养分而将其吞入细胞内，禽流感病毒便乘机混进了细胞。

那么，为什么某些人会得禽流感呢？这是因为人肺部深处的细胞表面也带有这种唾液酸分子，如果禽流感病毒由于某种原因而到达了那里，就有可能发生感染。而且因为位置很深，一旦感染就会非常严重。但也正因为如此，禽流感病毒很难再跑出来，人传人很难发生。

以上只是理论，实际会发生什么情况呢？这就必须做实验了。2012 年，来自荷兰鹿特丹的病毒学家罗恩·弗切尔（Ron Fouchier）就通过一个巧妙的实验证明，H5N1 禽流感病毒只需要再发生五个新的基因突变，就很有可能转变成传染性极强的新型病毒，同时毒性不减。

具体来说，他先是用基因工程的方法改变了 H5N1 的三个基因位点，使之更容易在雪貂的身体内生活。雪貂的呼吸系统和人类的很像，一直被病毒学家们当作研究禽流感的动物模型。之后，他从患病的雪貂体内抽取病毒，通过人工的方式感染健康的雪貂，这样重复了十代之后，病毒又自己发生了两个基因突变，使得它能够入侵雪貂的上呼吸道，传染性因此大大提高，但毒性却没有降低。

这个实验当年曾经引起很大争议，反对者认为如果恐怖分子得到了这篇论文，一定会设法复制这个实验，并生产出危害人类安全的生物武器，因此这篇论文隐藏了关键数据后才获准发表。但是今天回过头来再看这一事件，我们必须感谢弗切尔，如果没有这位大胆的生物学家，我们就不会知道 H7N9 到底有多严重。

通过对 H7N9 所作的基因分析，科学家们发现它已经具备了上述五个基因突变中的三个。第一，弗切尔证明禽流感的血凝素分子如果发生了两个突变，就能够和哺乳动物的鼻腔细胞相结合，1918 年的禽流感病毒就是如此。H7N9 已经发生了其中的一个变异，还差一个。相比之下，自然界的H5N1则一个都没有。

第二，H7N9病毒的一个DNA合成酶基因发生了突变，使得它更易于在较低的温度下保持活性。鸟的体温本来就比人高，而哺乳动物上呼吸道的温度还要再低一些，普通禽流感病毒是没办法在这样低的温度下工作的。

第三，弗切尔的雪貂实验中通过自然方式获得的一个基因突变去掉了血凝素分子上的一个糖基，这使得H5N1更易于传染。如今这个突变在H7N9身上也已经完成了。

如果弗切尔的实验结果是正确的话，H7N9禽流感距离大规模恶性传染病的目标只差两步了，它已经完成了60%的任务。不过，不少科学家认为剩下的两步很难在自然条件下发生，也有人认为弗切尔的实验结果并不能完全适用于H7N9，它很可能还需要一些别的东西。不过，在科学家们得到确切答案之前，我们确实应该小心为妙。

（2013.5.20）

自闭症的谱系

自闭症是一种谱系病，患者的病情相差很大，症状较轻的人完全可以像正常人一样上班，为社会做出自己独有的贡献。

有一群家有自闭症患儿的父母不久前联名向美国国会递交了一封抗议信，指责美国一家药物研发公司“海边治疗公司”（Seaside Therapeutics）擅自停止新药阿巴氯芬（Arbaclofen）的临床试验。愤怒的家长们还建立了一个公民请愿网站，列举了大量事实证明这种新药对自闭症患儿确实有效，要求这家制药厂继续向参加临床试验的患儿提供药品。

通常情况下，一种新药如果在临床试验过程中被证明有效，制药厂一定会乐得合不拢嘴，为什么阿巴氯芬的临床试验会导致这样一种奇怪的结果呢？这就要从该药的预定疗效范围说起。

原来，阿巴氯芬是为自闭症和脆性X综合征（Fragile X Syndrome）患者定制的，后者是发生在X染色体上的一种遗传性疾病，同样会导致患儿自闭，可以被看成是自闭症的一个亚类。众所周知，自闭症又称孤独症，是一种较为严重的儿童精神发育障碍性疾病，主要表现为社交障碍、语言发育迟缓、强迫性重复刻板行为等。自闭症的整体发病率大约为 1%，不同国家的发病率不太一样，其中男孩的发病率远比女孩高，说明导致自闭症的基因很可能位于 X 染色体上。

自闭症目前无药可治，阿巴氯芬是一系列针对自闭症的新药当中临床试验进行得时间最久的一个。据一位神经科医生透露，接受试验的患儿当中大约有 1/3 病情有所好转，但另有一部分患儿病情反而加重了。可惜的是，起码目前没有办法在服药之前预判出患儿将有何种反应，因此该药尚不具备个性化治疗的条件。

更重要的是，自闭症属于精神性疾病，患者的症状太过复杂，不同个体之间差异极大，对于一种处于临床试验期的药物来说这是很致命的缺陷，因为这样一来 FDA 很难制定出明确的治愈标准，这就给新药研发带来了很大困难。

就拿前文提到的那几个抗议制药厂的患儿父母来说，他们并没有确凿证据证明患儿的病情确实好转了，即使真的有了好转，也没有证据能够证明这种好转是因为药物起了作用，还是因为患儿长大了，病情自然发生了变化。

正是在这种情况下，“海边治疗公司”考虑再三，最终决定终止了阿巴氯芬的临床试验。如果将来没有新的证据出现，这种药恐怕很难上市了。

事实上，类似案例并非罕见。有一种治疗帕金森病的药物早在 2004 年就曾经有过这样的遭遇，当时有一部分参加临床试验的患者认为该药有效，对自己的状况有明显的改善，但负责研制该药的美国安进制药公司（Amgen）在分析了所有的数据后认为该药效果并不显著，对于有些患者而言甚至会有生命危险，没有可能通过临床试验而上市，因此该公司最终决定停止了该药的临床试验。

这两个案例都是治疗精神性疾病的药物，这不是偶然的。精神性疾病历来都是最难治的，因为大多数这类疾病很难被准确定义，研究起来相当困难。就拿自闭症来说，这个病的发病率足够高，市场也足够大，很多制药厂都在全力以赴，但至今收效甚微，甚至连导致该病的致病基因都没有准确定位。迄今为止科学家们已经找到了上百个与此有关的基因，但它们之间的关系仍然是一团乱麻，科学家们尚不知道哪些基因更为关键。

因此，目前倾向于把自闭症当作一系列类似疾病的统称，医生们称之为“自闭症谱系障碍”（Autism Spectrum Disorder）。这个定义把自闭症的经典定义进行了扩展，把阿斯伯格综合征（Asperger Syndrome）、待分类的广泛性发展障碍（PDD-NOS）和雷特氏症（Rett Syndrome）等非典型性自闭症也包括了进去。很多症状较轻的自闭症其实对于生活的影响并不大，甚至还可以为患者带来某种好处。比如那个证明了庞加莱猜想的俄罗斯数学天才格里戈里·佩雷尔曼（Grigori Perelman）就很可能是一名阿斯伯格综合征患者。

对于某些特殊的行业来说，轻度自闭症很可能是有优势的。不久前德国最大的软件公司 SAP 宣布他们计划到 2020 年雇用 650 名自闭症患者作为软件测试员，这将占该公司员工总数的 1%。这个主意来自一家印度软件公司，该公司认为自闭症患者的某些特征非常适合从事软件工作，便尝试着雇用了几名这样的员工作为软件测试员，没想到这个决定大获成功，这几位测试员注意力非常集中，工作效率比所谓的“正常人”高很多。

不过，一位专门从事物色自闭症员工的德国心理学家指出，要想更好地发挥他们的优势，必须学会如何与他们相处，有时甚至需要改变办公室环境。比如，自闭症员工不喜欢周围有太多东西，所以他们的办公室应该尽量布置得简单一些，甚至不惜牺牲亮度也要减少灯泡的使用。同样，给自闭症员工布置任务时也应该尽量使用简单肯定的语气，任何“正常社会”里常用的客套话都很可能被误读。

（2013.6.24）

癌症都是怎么得的？

科学家们找到了导致绝大部分癌症的21个不同的原因，其中有9个原因是已知的，另外12个则尚未搞清楚。

要想治病，先得找出病因。糖尿病、高血压、哮喘、胃溃疡等以及绝大部分传染病都是这么被治好的。但到了癌症这里，事情变得复杂起来。

我们已经知道，所有的癌症都是体细胞发生了基因突变导致的。但是这个病因太笼统了，到底是哪（些）个基因发生了突变？这些突变是否需要相互配合才能致癌？如果回答是肯定的，哪个基因需要率先突变？这些问题大都没有准确答案。

一个更为关键的问题是，这些致癌的基因突变到底都是怎么发生的？如果这个问题没有搞清楚，我们就永远不会知道癌症都是怎么得上的。而一旦我们知道了这个问题的答案，就会对癌症的预防，以及最终的根治起到关键的作用。

也许有人会说，导致癌症的基因突变有成千上万种，怎么研究得过来呢？科学家的回答是，虽然基因突变种类繁多，但导致突变的原因并不多，每一个原因所能导致的突变都会带有某种特殊的标记（Signature），如果能找出这个标记，就能推断出某个具体的基因突变到底是什么原因导致的。

举例来说，如果你发现一篇文章的某个词汇被另一个发音类似的词代替了，比如应该是“基因”的地方却变成了“经营”，那你一定会知道这是拼音输入的时候选错了数字键导致的。与此类似，如果你发现一个正常的句子中间突然多了一个莫名其妙的字，比如“今天天气非很好”，你也一定会猜这是作者删除错字的时候少删了一个“非”字。用这个思路做个统计，你会发现即使一篇文章里的错误很多，但出错的原因就这么几种，完全可以研究清楚。

给文章改错容易，给基因挑错可就难了，需要测出大量癌细胞的基因序列，并逐一进行分析。最终这个工作由全世界公认的癌症研究领域的领军者，英国维康信托桑格研究所（Wellcome Trust Sanger Institute）完成了，他们在 2013 年 8 月 14 日出版的《自然》杂志上发表了一篇具有划时代意义的论文，向全世界汇报了自己的研究成果。

仅从数字上看，这项研究相当复杂。首先，研究人员从 30 种最常见的癌症当中挑选了 7042 名病人，分析了导致他们患上癌症的 4938362 个基因突变，从中找出了 21 个特殊标记，涵盖了 97% 的癌症病人。换句话说，绝大部分人类所患癌症都是由这 21 个原因造成的。

其次，研究人员分析了每一种癌症的基因标记分布情况，发现所有的癌症病人体内都至少存在两种不同的标记，有的更多，说明癌症的病因千奇百怪，非常复杂，这也是为什么癌症那么难防的根本原因。另外，每一类癌症的基因标记数量都是不同的，比如卵巢癌只需要 2 个标记就可以了，肝癌则需要至少 6 个标记，也就是 6 个不同的原因才能发病。

在这 21 个原因当中，有几个是早就知道的，比如抽烟和紫外线过量都会致癌，它们都有各自的基因标记，很容易辨认。另外一种相当常见的原因就是年龄，众所周知，癌症是一种典型的老年病，一个人年纪越大，患癌症的概率也就越大，年龄导致的癌症也是有其特殊标记的，在研究人员分析的这 30 种癌症当中，有 25 种都具备年龄标记，这个结果进一步证明了癌症和年龄密切相关。

还有一类标记也早已研究得很透彻了，这就是被安吉丽娜·朱莉炒红了的 BRCA1 和 BRCA2 基因，这两个基因都能导致 DNA 修复出现问题，但它们的致癌作用仅限于乳腺、卵巢和胰腺，不会导致其他类型的癌症。

除了上述几个癌症领域的“明星”之外，研究人员还发现有一种名叫 APOBEC 的酶标记出现在超过一半的癌症当中，说明该酶很可能是一大半癌症的罪魁祸首。APOBEC 是一个酶家族，包括很多成员，它们专门负责修改 DNA 和 RNA 序列，是人体抵抗病毒感染的武器之一。每当人体受到病毒的攻击时，这种酶便被激活，对外来病毒的基因序列进行强制性修改，直到其成为无害状态为止。但是，此项研究说明人体的这个防卫机制很可能是一把双刃剑，在杀死外来病毒的同时也导致了自身细胞发生基因突变，累积到一定程度后变为癌症。

事实上，有越来越多的证据表明病毒感染是造成最近癌症发病率升高的一大原因，这项研究为上述结论找到了一个有力的证据。

但是，在这 21 个基因标记当中，只有 9 个是已知的，另外 12 个是未知的原因。换句话说，有 12 个能够导致癌症的病因尚未知晓！科学家们正在努力，希望能尽快揭开它们的秘密。

（2013.9.2）

宿醉之罪

过量饮酒的危害和免疫系统有很大关系。

世界杯就要开始了，球迷们又有了一个聚众狂欢的理由。夏夜看球离不开啤酒助兴，稍不小心就容易喝多。有人说，自己平时不怎么喝酒，世界杯四年一次，放纵一下又有何妨？可是新的研究显示，过量饮酒只需一次就能给身体带来永久性的伤害。

酗酒的害处已经被写得很多了，但除了酒后驾车容易出车祸，以及超量饮酒导致的酒精中毒之外，大多数关于酒精的危害似乎都需要漫长的时间才能显现，比如长期酗酒容易伤肝。美国马萨诸塞大学医学院的古永伊·查宝（Gyongyi Szabo）教授另辟蹊径，对那些不常喝酒的普通人进行了研究，发现他们只要喝多一次，血液中的内毒素（Endotoxin）水平立刻就会上升，原因在于过量的酒精破坏了肠道壁，使得消化道中的细菌直接进入了血液循环系统。这些细菌释放的内毒素诱发了炎症反应，这是人体免疫系统对付病菌感染的最佳武器，但这种武器也会攻击自身的健康组织，其结果就是杀敌一千自损八百，这就是为什么即使酗酒一次也会造成不可逆的损伤。

查宝博士将研究成果写成论文发表在2014年5月14日出版的《公共科学图书馆·综合》期刊上，他认为这项研究表明，酗酒的伤害比过去认为的要严重得多。

不过，对于大多数人来说，无论怎么强调酗酒对于健康的害处都是没用的，他们宁愿牺牲健康换来一夜欢愉。这种想法无可厚非，谁敢说自己从来没有放纵过几次呢？但有一点却让很多酗酒者望而却步，那就是宿醉（Hangover）。几乎每一个曾经喝醉过的人都有过这种经历，酒醒后的第二天依然头昏脑涨，疲倦恶心，严重的甚至双手发抖，这就是宿醉，一种只有难受没有欢愉的感觉。

有意思的是，像宿醉这么常见的现象，居然很少有人系统地研究过，科学家们至今仍然无法准确地说清人为什么会宿醉，以及应当如何减少甚至避免宿醉的发生。直到大约十年前，几家相关领域的实验室联合起来成立了“酒精宿醉研究小组”（Alcohol Hangover Research Group，简称AHRG），试图整合各方资源，集体攻关，尽快找出宿醉的原因和治疗方案。

初步研究显示，民间关于宿醉的说法几乎都不正确。比如，不少人认为宿醉是酒精导致的脱水引起的，但研究人员测量了宿醉者血液中的电解质含量，发现和健康人没有区别，所以光靠多喝水是无法解酒的。

再比如，有人认为酒精代谢的产物之一乙醛是导致宿醉的罪魁祸首，这个说法曾经得到一部分人的支持，因为乙醛本身确实有毒。但是，根据 AHRG 的研究，一个人宿醉症状最严重的时候其血液内的乙醛含量反而是最低的，所以乙醛不大可能是宿醉的真正原因。

那么，宿醉到底是怎么回事呢？一篇来自韩国的论文提供了一条有趣的线索，韩国科学家发现宿醉者血液中的细胞因子（Cytokines）含量有所上升，推测酒精很可能诱发了人体的免疫反应。细胞因子是一种信号分子，负责在人体免疫系统之间传递信息。当有敌人入侵时，细胞因子的水平就会上升，相当于拉响了防空警报，免疫系统的各个组分被动员起来加入战斗。但是，免疫系统被激活后会产生很多副作用，比如头疼、头晕、恶心和拉肚子等，和宿醉的表现非常像。研究人员曾经在志愿者身上人为地注射细胞因子，结果志愿者均报告说自己有了宿醉的感觉。

目前该理论尚处于假说阶段，有待进一步研究。在正式结论出来之前，大家不妨试试用消炎药来缓解宿醉的感觉，比如常用的消炎药布洛芬（Ibuprofen），据说效果就不错。

（2014.7.7）

缺觉的世界，悲催

新的研究显示，缺觉的人和精神分裂症患者不相上下。

球迷朋友们，世界杯结束了，大家该回到正常作息了吧？2014年世界杯的比赛时间大都是北京时间的深夜，中国球迷们不得不熬夜看球，肯定有不少人第二天上班没精打采，工作效率下降。科学界关于缺觉的研究早就汗牛充栋了，无数论文都证明，缺觉可以导致一个人体力下降，精力无法集中，记忆力丧失，严重的甚至会诱发心脏病，危及生命。

除此之外，那些天天熬夜的球迷们，你们有没有觉得周围的人故意躲着你们？或者对你们另眼相看？没错，研究显示，熬夜会让人变得脾气暴躁，缺乏耐心，或者充满负面情绪，变成一个让人讨厌的家伙。

这还没完。德国波恩大学科学家的研究还显示，缺觉会让人变成一个暂时的精神病，各方面指标都和精神分裂症患者不相上下。

这项研究是由波恩大学神经生理学系教授乌尔里希·艾

丁格尔（Ulrich Ettinger）和他的学生娜丁·佩特罗夫斯基（Nadine Petrovsky）完成的。两人从波恩大学找来了24名年龄在18～40岁之间的健康的志愿者，通过各种方法让他们24小时不睡觉，然后对他们进行各种测试，包括反应时间和灵敏度等，以及当面问话和问卷调查，借此来衡量受试者的精神状态。

然后研究人员对受试者进行了前脉冲抑制（Prepulse Inhibition）测试，这是心理学研究领域的一项标准化测试，其目的是测量受试者大脑过滤信息的能力。正常人的大脑在事先接到一个程度较低的刺激后，会对随后而来的高强度刺激表现出一定程度的耐受，好像前一个刺激使大脑变得麻木了。这个功能是大脑过滤信息，防止自己被无效信息淹没的重要手段，否则的话，来自周围世界的海量信息就会像潮水一样涌入大脑，使得大脑根本来不及处理它们，很快变成一个废物。

具体来说，研究人员通过耳机向受试者发出一个很响的声音，正常人在听到如此响亮的声音刺激后其脸部肌肉会不由自主地做出抽搐反应，这个反应的强烈程度会被贴在脸上的电极记录下来。此后，研究人员会先传递一个较轻的声音，再发出同样的响声刺激，正常人此时的脸部肌肉抽搐幅度会相应减少很多，这就是前脉冲抑制。精神分裂症患者的前脉冲抑制和正常人相比要弱得多，他们的大脑不会被前一个轻微的声音刺激所抑制，而是照样做出强烈的反应。

测试结果令研究人员大吃一惊，受试者只需一晚上不睡觉，其大脑的前脉冲抑制功能就会大受影响。“我们此前就知道，缺觉会让人无法集中精力，反应迟钝。”艾丁格尔教授说，“但是我们的实验结果证明，除了上述这些常见症状外，缺觉的人只要一夜不睡，很多神经生理指标就会变得和精神分裂症患者一样，这一点太让人惊讶了。”

由此看来，缺觉的世界，真的是太悲催了！

艾丁格尔教授将实验结果写成论文，发表在2014年7月7日出版的《神经生物学杂志》（*The Journal of Neuroscience*）上。作者认为，这个发现不但揭示了缺觉的害处，还为生产精神类药物的制药厂提供了一个测试新药的方法。此前制药厂都是通过某些特殊的药物来诱发受试者产生暂时的精神分裂症症状，然后在他们身上测试新药的疗效，但这种方式诱导出来的症状较为单一，只能模仿精神病人的少数几个特点，不够全面。相比之下，缺觉的人则是更好的实验对象，他们只要一晚上不睡，就能表现出全套的精神病症状，测试新药更加准确。更妙的是，这些受试者只要补一晚上觉就可以恢复正常，没那么多麻烦事。

（2014.7.21）

痴了就迟了

老年痴呆症状一旦被发现，无论多么轻微，都已经太晚了。

痴呆（Dementia）是一种非常可怕的疾病，这种病常见于老年人当中，所以经常被称为老年痴呆。这是一个笼统的说法，具体病因多达一百多种，其中最常见的是阿尔茨海默病（Alzheimer Disease），约占老年痴呆病例总数的2/3。

科学家很早就知道阿尔茨海默病的病因是脑细胞大批死亡，但一直不知道原因。病理解剖结果显示，患者大脑内出现了大量β-淀粉样蛋白（Amyloid-beta），它们堆积在脑细胞之间，形成了极具特征性的斑块，足以成为医生们做诊断的证据。

进一步研究发现，患者体内的β-淀粉样蛋白的氨基酸顺序和正常人没什么两样，差别只是三维结构有所不同。大家知道，蛋白质是由20种氨基酸按照不同的顺序首尾相连而成的长链分子，不同的氨基酸顺序决定了蛋白质的三维结构，而不同的三维结构才是蛋白质之所以能够行使不同功能的关键所在。那么，同样的氨基酸顺序为什么会导致不同的三维结构呢？这个问题直到20世纪80年代才得到了解答。美国加州大学旧金山分校的斯坦利·普鲁斯纳（Stanley Prusiner）教授通过对疯牛病的研究，发现了朊病毒存在的证据。这种病毒完全由蛋白质组成，没有DNA或者RNA等遗传物质。如果一头牛吃了含有朊病毒的食品（比如疯牛的脑组织），就会被传染，最终变成一头疯牛。

普鲁斯纳教授通过一系列设计精巧的实验证明，朊病毒的氨基酸顺序和正常蛋白质一样，只是三维结构不同而已。当它和正常的蛋白质接触后，会诱导对方改变三维结构，变得和自己一样，再去诱变下一个正常的蛋白质。朊病毒就是依靠这个方式传播疾病的，不需要DNA的参与。

普鲁斯纳教授的这项发现曾经引起过很大争议，但科学研究结果最终证明他是对的，他本人也因此而获得了1997年的诺贝尔医学或生理学奖。受到这项成果的启发，脑神经科学家们仔细研究了β-淀粉样蛋白的生理行为，发现它和疯牛病的朊病毒非常相似，也是通过这种方式在患者脑内传播的。两者的区别在于最初那个病变的β-淀粉样蛋白来自自身的某种突变，目前尚未发现传染的证据。

β-淀粉样蛋白的传播和多米诺骨牌非常相似，都是通过接触传播的连锁反应，只是前者的反应速度比后者慢而已。骨牌倒下很容易，再站起来就难了，这就是为什么最近几年所有的抗阿尔茨海默病新药的临床试验都失败了，受试者的脑部损伤程度太过严重，一般的药物手段很难挽回。

进一步研究发现，早在阿尔茨海默病患者出现症状之前的10～15年，脑细胞就已经开始死亡了。换句话说，老年痴呆症状一旦被发现，无论多么轻微，都已经太晚了，病人已经错过了治疗的最佳时机。

于是，不少科学家把注意力转移到了早期诊断方面。最好的办法当然是开颅检查，但难度太大。一个来自澳大利亚的研究小组发现人的视网膜上也能检测出早期的β–淀粉样蛋白，这就避免了开颅的麻烦。该研究小组的领导人肖恩·弗罗斯特（Shaun Frost）博士在2014年7月举办的阿尔茨海默病国际研究大会上宣布了这一成果，他认为视网膜上的神经细胞是和大脑相通的，大脑中出现的病变可以在视网膜上检测出来。

这个方法尚处于研究阶段，如果将来证明确实可行的话，将从根本上改变老年痴呆症的诊断和治疗模式。

（2014.8.11）

被误解的抑郁症

多数情况下，抑郁症并不会直接导致自杀，还需要其他一些辅助因素。

美国著名喜剧演员罗宾·威廉姆斯的死再一次提醒我们，抑郁症是一种可怕的疾病。无论一个人事业多么成功，或者表面上多么幸福，都有可能被抑郁症缠上。

民间关于抑郁症的认识存在很多误区。比如，有人认为抑郁症就是一时想不开导致的情绪低落，纯属心理问题，找个心理辅导员疏导一下就好了。实际情况正相反，抑郁症属于生理性疾病，与遗传和环境刺激都有关系。得了抑郁症的病人绝不仅仅是情绪低落这么简单，而是对几乎所有的事情都无动于衷，仿佛大脑被屏蔽了。病情严重的甚至会产生幻觉，听到或者看到完全不存在的东西。

再比如，有人认为抑郁症是导致自杀的直接原因，但实际情况并不是那么简单。抑郁症患者确实对生活失去了兴趣，严重的甚至连床都不愿起，饭也不想吃，但这并不等于他想死。有人做过统计，虽然大多数尝试自杀者都患有不同程度的抑郁症，但真正付诸行动并“成功”的不到4%。

越来越多的证据显示，除了抑郁症之外，还有两个因素和自杀率直接相关。第一，如果一名抑郁症患者同时还服用某种神经性药物的话，自杀的可能性就会大大提高。这里所说的神经性药物特指中枢神经抑制剂，包括鸦片、海洛因和吗啡等非法毒品，以及酒精这类合法的药物。据统计，有60% 的抑郁症自杀者在死前曾经饮过酒，说明酒精很可能起到了很关键的作用。威廉姆斯本人就是个瘾君子，曾经多次进戒毒所接受治疗，就在 2014 年夏天他还主动把自己关进了位于明尼苏达州的一间戒毒所尝试戒毒，说明他的毒瘾已经到了相当严重的程度了。

第二，如果患者在抑郁症之外还夹杂有狂躁症的话，情况就会变得格外严重。顾名思义，狂躁症和抑郁症正相反，患者表现为情绪失控，精神极度亢奋，思维大幅跳跃，说话口无遮拦，常常在谈话中得罪了对方却不自知。事实上，不少抑郁症患者会在抑郁和狂躁之间来回切换，一会儿兴奋到顶点，转眼间又抑郁到极致。医学上称这类病人为躁郁症（Bipolar Disorder）患者，威廉姆斯就是一个典型的躁郁症患者，虽然他因演电影而被中国观众熟悉，但他的本行是单口相声，看过他现场表演的观众一定会对他近乎疯癫的舞台风格印象深刻，他自己也承认他一上舞台就会变成一个疯子，回到生活中就会立刻把自己封闭起来，不想说话。

像威廉姆斯这样的情况在演艺界似乎非常普遍，很多文艺界人士都有这种倾向，最后自杀的比例似乎也相当高。大家熟悉的涅槃乐队的主唱科特·柯本就是一例，他自杀前患有严重的躁郁症，几乎可以肯定这是他在生涯顶峰时期突然吞枪自杀的主要原因。

如果把范围扩展到艺术家领域的话，案例就更多了。画家文森特·梵高、小说家弗吉尼亚·伍尔夫和海明威都是因为抑郁症而自杀的。海明威似乎天生带有某种“自杀基因”，他的模特孙女后来也是自杀而死的，海明威家族先后一共有七位成员自杀身亡，看来这个基因还真挺强大的。

当然了，人世间不太可能有“自杀基因”，这样的基因是遗传不下去的。但是，抑郁症也许是有遗传基础的，海明威家族的情况就是证明。有人指出，抑郁症基因之所以能够遗传下来，原因就在于这个基因同时带有某种好处，比如提高一个人的艺术创造力，也许这就是艺术家群体中得抑郁症的比例较普通人更高的原因。

不过，这个结论在科学界是有争议的，至今仍未有定论。但不管怎样，杀死威廉姆斯的不是他超凡的艺术创造力，而是严重的躁郁症。我们应该正视这种疾病，提前做好预防措施。

（2014.8.25）

癌症与坏运气

新的研究发现，有2/3的癌症都是坏运气所致，和环境或者不良生活习惯等后天因素无关。

任何人得了任何一种病，一定会首先问医生这病是怎么得的。只有先知道了原因才能找到治疗方案，并避免下次再犯。

所有的病当中，问题最多的无疑是癌症。这种病和大多数疾病都不一样，很难明确地知道病因。有的人明明一天一包烟，却一辈子不得肺癌。有的人明明活得很健康，却莫名其妙地被癌症击垮。

当基因的秘密被解开后，科学家们终于知道所有的癌症都缘于基因变异。已知某些化学物质，以及辐射能导致基因变异，所以早期的科学家把注意力都放到了自然环境和个人生活习惯上，认为吸烟、空气污染、水源污染和过度暴晒等后天因素是致癌的主因。后续研究又发现，癌症还有可能是遗传的，有些人天生带有某种致癌基因，比其他人更容易得癌症。于是，在很长一段时间里，遗传和环境被认为是导致癌症的主因，大部分科研经费也都集中在这两个领域。

但是，癌症领域一直有个疑团没有解开，那就是为什么有的人体组织很少得癌，有的组织却是癌症的高发区。据统计，一个人一辈子得肺癌的概率是6.9%，甲状腺癌的概率是1.08%，神经癌（包括脑癌）的概率是0.6%，这些都好理解。骨盆体积那么大，得癌的概率却只有0.003%，喉软骨癌的概率更是低到只有0.00072%，这是为什么呢？

有人猜测这可能是由于不同组织接触致癌物质的概率不同造成的，比如肺组织经常接触脏空气，所以容易得癌。但是这个理论没法解释为什么同一条食道，不同部位之间癌症的发病率相差会如此之大。比如大肠癌的发病率约为4.82%，但小肠癌的发病率却一下子降到只有0.20%，两者相差24倍之多。

美国约翰斯·霍普金斯大学（Johns Hopkins University）的两位科学家克里斯滕·托马塞提（Cristian Tomasetti）和波特·沃格斯坦恩（Bert Vogelstein）提出了一个新假说，试图解开这个谜团。科学家们早就知道，人在自然状态下也会发生基因突变，而不同组织的基因突变频率是相对固定的，所以两人认为癌症的发病率应该和细胞分裂次数有关系。必须指出，这个想法其实很早就有了，但是因为缺乏技术手段，没人知道一个组织里的那么多细胞究竟会发生多少次分裂，所以上述假说没办法验证。

后来得知，人体组织内的绝大部分细胞都是完全分化的成体细胞，无法再分裂了，只有少数干细胞保持了分裂的能力。只要测出某组织内有多少干细胞，以及它们的分裂频率，就可以大致推算出该组织在人的一生中究竟会分裂多少次。托马塞提和沃格斯坦恩从文献中查到了31种人体组织的细胞分裂总数，将这些数字和对应组织的癌变概率合起来做成一张表，发现两者居然有非常好的对应关系。不同组织的癌变概率之所以不同，65%的原因在于细胞分裂总数不一样。

两人将研究结果写成论文，发表在2015年1月2日出版的《科学》杂志上。文章发表后立刻引起了轰动，不少人认为这篇文章说明大部分癌症都是坏运气导致的，所以不必再小心翼翼地生活了，听天由命吧。其实这是一种误解，文章中确实得出结论说，有2/3的癌症纯属坏运气，但这个2/3指的是癌症的类型，不是癌症病人的数量。有的癌症发病率很高，患病人数要多得多，不能和其他那些罕见的癌症混为一谈。

具体来说，两位科学家将这31种癌症分成了两大类，第一类包括22种癌症，它们确实是坏运气所致，占总数的2/3。另外9种属于第二类，包括肺癌、乳腺癌和直肠癌等常见癌症。这一类型的癌症和运气、环境和遗传等因素都有很大关系，不能掉以轻心。

这篇论文对于癌症患者和研究者来说有两个重大的意义。第一，它首次指出运气在癌症中占了很大比例，因此癌症研究重点应该从过去的怎样预防改为如何提早预警；第二，相当一部分癌症患者都是坏运气使然，怪不了任何人，他们必须学会放松心态，坦然接受命运的安排。

（2015.1.12）

世间已有长寿药？

一大批常见药品被发现具有延寿的功能，但是它们的作用机理尚未明确，还是小心为妙。

如果有家制药公司能够生产出一种小药片，吃了就能多活几年，那这家公司肯定发财了，于是这个领域的研究一直十分火爆，论文也发了不少。2014 年 12 月 18 日出版的《公共科学图书馆 · 遗传学分册》（*PLoS Genetics*）上就刊登了这样一篇论文，作者为美国得克萨斯农工大学（Texas A&M University）的迈克尔 · 珀黎曼尼斯（Michael Polymenis）博士。他和同事在酵母菌、线虫和果蝇身上试验了一种药物，能够在其他任何条件都不变的情况下延长这三种常用模型生物的寿命。其中酵母菌的寿命延长了 17%，线虫和果蝇的寿命分别延长了 10% 左右，换算成人类的话大概相当于多活八年，还是很有吸引力的。

什么药物居然能有这么神奇的功效呢？答案是布洛芬。你没看错，就是药店里随便可以买到的那种常用止痛药，英文名 Ibuprofen。如此普通而又廉价的小药片居然还能增寿？会不会是实验误差呢？检索一下论文数据库就可以知道，这个发现不是偶然的，还有好几个实验室得出过类似的结论，只可惜类似实验尚未在人类身上做过。话虽如此，已经有研究报告指出，长期服用布洛芬可以降低老年人患阿尔茨海默病和帕金森病的概率，这两种病都是老年人的常见病，对于病人的生活质量影响极大。

换句话说，布洛芬不但有可能增寿，还能提高老年人的生活质量！

世界上真有这么好的事情吗？先别急，这个结论显然过于草率，还需要更多的实验证据。要知道，长期服用布洛芬有可能导致胃出血，严重时甚至有生命危险，所以珀黎曼尼斯博士在论文中反复提醒读者，千万别急着尝试，还是等科学家们搞清了其中的作用机理再说。

已知布洛芬可以阻断环加氧酶的活性，而这个酶是炎症反应的必需品之一，没有了它，炎症反应就不能正常进行，所以布洛芬不但能止疼，还是一种广谱的消炎药。

炎症反应是免疫反应的一种，一直被认为和寿命很有关系。问题是，酵母菌和线虫都没有环加氧酶，更没有炎症反应，所以必须另找原因。珀黎曼尼斯发现，布洛芬妨碍了色氨酸的吸收，使得酵母菌体内的色氨酸水平比对照组降低了15% ~ 20% 左右。色氨酸是合成蛋白质必需的一种氨基酸，缺少色氨酸相当于给酵母菌带来了轻微的生存压力，已有不少证据表明，轻微的生存压力能延寿，也许这就是布洛芬能够延长酵母菌寿命的原因。不过，能给有机体带来轻微生存压力的物质多得很，到底哪种才有效？究竟为什么有效？谁也说不清。

这篇论文反映了目前长寿研究界的现状，那就是很多常见的药物都被发现能增寿，但具体机理却又都不明确。除了布洛芬外，阿司匹林、雷帕霉素（Rapamycin）、依维莫司（Everolimus）、二甲双胍片（Metformin）和他汀类药物（Statins）等都被发现具有延寿的功能。其中，阿司匹林和布洛芬类似，都是消炎止痛药。雷帕霉素是一种免疫抑制剂，用于器官移植手术后减少异体排斥反应。依维莫司属于雷帕霉素类似物，用于治疗某些癌症。他汀类药物则是治疗心血管疾病的常用药，具有降低胆固醇的功效。

上述这些药品功能各异，但都属于已经面世很久的常用药，要么专利期已过，要么就快要过了，制药公司缺乏继续研究的动力。不少科学家早就等不及了，已经开始定期服用它们了。不过，这些人都是医生或者制药业的资深人士，知道这些药的副作用都是什么，确信自己的身体可以承受这些药带来的副作用。我们普通人还是先别试了，万一吃出毛病，那就得不偿失了。

（2015.1.19）

认命你就输了

新的研究表明，免疫系统的健康状况主要取决于后天环境，和遗传关系不大。

免疫系统是人体最重要的防线，一个人的健康状况很大程度上取决于免疫系统的反应速度和强度。比如说，一群人同时打了预防流感的免疫针，有的人反应很快，体内迅速产生出足够多的针对流感病毒的抗体，有的人则反应很慢，抗体数量也不足。一般认为前者的免疫系统很健康，这样的人不容易得病，后者的免疫系统状态较差，这样的人常常疾病缠身。

问题在于，免疫系统的好坏到底是由什么决定的呢？

这个问题非常古老，研究文献如汗牛充栋，结论也是五花八门。随着 DNA 测序技术变得简单廉价，研究人员又把注意力集中到了基因组上。近年来该领域出现了大批论文，一致认为免疫系统状态的好坏是由基因决定的。甚至有不少公司基于这些研究推出了基因测试盒，根据 DNA 测序的结果推测一个人将来的健康状况，比如他最有可能得什么病，概率是多少。

换句话说，这一派学者认为免疫系统的好坏是命中注定的，后天很难改变。

美国斯坦福大学医学院免疫、移植和传染病研究所的现任所长马克·戴维斯（Mark Davis）博士对这个结论有不同看法。他分析了该领域的论文，发现大多数研究的实验对象都是幼儿和青少年，这些人年纪尚小，环境不足以在他们身上留下烙印。于是，他决定扩大研究范围，把中老年人也包括进来。

除此之外，戴维斯博士认为人类基因组太过复杂，变量太多，研究起来困难重重。巧的是，戴维斯实验室成员之一加里·斯万（Gary Swan）博士以前曾经研究过双胞胎，积累了两千多对同卵双胞胎的资料，于是戴维斯博士决定从这些双胞胎着手，降低研究的复杂性。

研究人员从这份名单中选出 210 对双胞胎，他们年龄最小的只有 8 岁，最大的已经有 82 岁了。科学家们采集了这些人的血样，测量了 204 项和免疫系统健康状况有关的参数。除了前文所说的对于流感疫苗的反应速度和强度外，还包括白细胞的分布与数量、对细胞素的反应强度和血清蛋白质的浓度等各种常见的免疫学指标。结果发现有 77% 的免疫学指标参数主要是由后天环境决定的，遗传只占很小的一部分。其中的一大半，也就是 58% 更是完全由环境因素决定，和遗传一点关系也没有。

另外，受试者年纪越大，环境因素的影响力也就越大。

如果说 20 岁以前的免疫系统还和遗传有些关系的话，60 岁以后则几乎完全取决于这个人的生活环境了，和遗传几乎没有关系。

这里所说的“环境”不光是指生活环境的污染程度，还包括这个人曾经经历过何种感染，曾经打过何种疫苗，曾经接触过何种有毒物质，以及饮食习惯和生活习惯的差异（比如是否喜欢吸烟或者饮酒）等，甚至还包括牙齿的健康状况，可以说涵盖了一个人后天的各种可控变量。

总之，这项研究结果表明，决定免疫系统健康状况的主要是后天因素，和遗传关系不大。如果你因为家族前辈当中出了几个病人就盲目相信命运，生活不检点，甚至自暴自弃，最后倒霉的是你自己。

戴维斯博士将研究结果写成论文，发表在 2015 年 1 月 15 日出版的《细胞》杂志上。戴维斯博士在评价这个研究结果时指出，免疫系统的可塑性是非常强的，一个人一辈子会遇到各种各样的风险，如果没有很强的可塑性，免疫系统不可能应对如此复杂多变的环境。所以说，一个人天生带有的免疫系统就好像是一张白纸，最终的图案很大程度上取决于后天的努力，尤其是 20 岁之前的那段日子更为重要，因为免疫系统正是在这段时间里发育成熟的。

（2015.1.26）

口服避孕药会增加脑瘤风险吗？

一项本来很“学术”的研究，被无良媒体炒成了一个健康事件，读者必须提高警惕，以免上当受骗。

这几天的微博和微信朋友圈里流传着一则消息，说丹麦科学家研究发现口服避孕药会使育龄女性患脑瘤的概率增加一倍。转发此消息的人还说，英国《每日电讯报》和美国“福克斯新闻”都报道了，不是假消息。

事实真的如此吗？让我们来仔细分析一下这件事的来龙去脉。

首先，这项研究是真实存在的。科学界一直有人怀疑脑瘤和荷尔蒙之间存在某种关联，于是丹麦欧登塞大学（Odense University）的科学家大卫·盖斯特（David Gaist）博士决定研究一下这个问题。他和同事们从丹麦国家癌症数据库中调出了2000～2009年间所有癌症患者的病例资料，发现其中一共有317名女性被诊断出患了脑瘤。按照这个比例计算，女性患脑瘤的概率大约为十万分之五，也就是每十万人当中每年新增五名脑瘤病人。

众所周知，癌症的病因非常复杂，很难下结论，目前唯一可行的办法就是把人群分成完全相同的两组，除了一个变量之外其余都一样，然后比较两组人的癌症发病率。这 317 名脑瘤患者当中大约有一半人常吃避孕药，另一半人不吃，这显然并不能说明任何问题，因为口服避孕药在丹麦非常流行，是丹麦育龄妇女的首选避孕措施。于是，盖斯特又从丹麦的人口数据库中为每一位脑瘤患者随机挑选出九名年龄和生活背景都十分相似的妇女作为对照，组成了一个对照组。之后，研究人员比较了脑瘤组和对照组在避孕措施方面的异同，希望能找出差别。

比较结果显示，如果一名妇女采用口服避孕药的方式避孕，而且至少服用了五年，那么她患脑瘤的概率是采用其他方法避孕的妇女的两倍。

需要指出的是，这里所说的口服避孕药指的是通过补充外源荷尔蒙来避孕的一种方法。具体来说，就是通过口服药片、打针或者皮肤贴等方式摄入外源荷尔蒙，模仿孕期妇女体内的荷尔蒙状况，从而避免排卵。外源荷尔蒙的种类是有差异的，其中对脑瘤影响最大的是孕激素避孕法（Progestogen-only），也就是只补充孕激素，不再同时添加其他激素。采用这种避孕法的女性得脑瘤的概率是对照组的 2.4 倍，其他几种基于外源荷尔蒙的避孕法虽然也会提高脑瘤的发病率，但提高幅度远低于 2.4 倍。

从上面这段描述可以看出，研究者实际上并没有找到各方面都完全相同的对照组，再加上总人数太少，只要其中有少数人带有某种事先没有预料到的差异，比如遗传基因不同，或者体重不一样等，就会给实验结果带来显著的误差。所以说这项研究的结论可信度并不高，只能说是有可能而已。

退一万步讲，即使这个结论是正确的，意义也不大，这是因为口服避孕药的人数众多，好处也很明显。除了避孕外，已有研究显示口服避孕药能够降低卵巢癌、子宫癌和大肠癌的发病率。这些都是很常见的癌症，发病率远比脑瘤要高得多。即使脑瘤发病率增加两倍，也只是每十万人里每年多出五个而已，和口服避孕药带来的好处相比微不足道。

这就是为什么这篇论文只发表在一本影响因子很小的《英国临床药理学杂志》（*British Journal of Clinical Pharmacology*）上，就连论文的作者都认为，这项研究绝不是想说口服避孕药不好，而只是试图研究荷尔蒙与脑瘤之间的关系而已。

至于说《每日电讯报》和福克斯新闻，这同样是两家带有明显倾向性的媒体，可信度很低。如今媒体竞争激烈，很多记者为了博眼球不惜夸大事实，哗众取宠，普通读者千万不能随便相信互联网上传播的健康信息。

（2015.2.2）

手术刀是把双刃剑

切除实体肿瘤的手术有可能反而促成了癌细胞的扩散，但这并不等于说癌症患者不要做手术。

现代医学虽然已经大大延长了癌症病人的生命，但科学家们毕竟尚未找到根治癌症之法，于是不少人怀疑现代医学的威力，甚至有个别极端分子号召癌症病人不去医院做手术，宣称西医的手术刀反而会加重病情。

有意思的是，最终还是科学家通过严格的科学实验证明上述说法在某种情况下确实有一定的道理。

事情要从肿瘤细胞的转移（Metastasis）讲起。众所周知，恶性肿瘤之所以如此致命，很大原因在于肿瘤细胞的转移。如果肿瘤细胞只在一个地方生长，问题倒还不大，但如果肿瘤细胞发生转移，扩散至人体各处生根发芽，病情就会急剧恶化。据统计，每10名死于癌症的病人当中，就有9个是死于癌细胞转移。

癌转移说起来似乎很容易，但癌细胞自己没有脚，要想成功地离开原发地，并在新的地方固定下来，其实是一件相当困难的事情。首先，癌细胞必须像阿米巴虫一样发生变形，才能从健康细胞的包围圈中挤出去。癌细胞当然可以一直通过这种方式向外扩散，但速度显然太慢了，最快的扩散方法是想办法侵入血液循环系统，利用这套循环系统提供的“公路网”迅速扩散，为此癌细胞必须再次变形，才能穿透血管壁进入到血液当中。

为了防备像癌细胞或者病菌这类不速之客利用血液循环系统入侵人体，血液中含有大量专门的免疫细胞，时刻准备消灭来犯之敌。癌细胞一旦进入血管，就好似羊入狼口，只有极少数幸运者能逃过一劫，成功到达下一个目的地。到达之后，癌细胞还要再次变形，才能从血管壁中间穿出去，在新家安营扎寨。

那么，既然癌细胞转移大都是通过血液循环系统完成的，便有科学家提出，可以通过对血液中癌细胞数量的监测来预估癌症的治疗效果。但是，这个监测方法必须有足够高的灵敏度，因为从理论上讲，只要有一个癌细胞成功了，后果就不堪设想。

2009 年，终于有一项技术的精确度和灵敏度都达到了医生的要求，成功地实现了商业化，这就是“循环肿瘤细胞检测与分析技术”（Cell Search）。医生们可以很方便地利用这项技术清点血液中的癌细胞数量，如果病人每 7.5 毫升血液里检测到超过 5 个癌细胞，就被认为幸存的癌细胞正在扩散，化疗失败。

最近，美国小石城纳米医学中心的科学家们利用这项技术意外地发现，癌细胞活组织检查和实体肿瘤切除手术也有可能导致癌细胞的转移。这两项治疗癌症的常规操作都使用了机械方式破坏实体肿瘤及其周边组织，有可能将原本被包围的癌细胞释放出来，只要其中的少数癌细胞借机混入血液循环系统，就会导致癌转移，带来严重的后果。

“这是个很新的发现，我们还不敢肯定背后的机理到底是怎样的，但这绝不等于说癌症患者不能做手术。”首先做出这一发现的弗拉迪米尔·萨洛夫（Vladimir Zharov）医生说，“实体肿瘤还是通过手术切除掉会比较好，如果任其生长，后果会更严重。”

萨洛夫认为，发现这个事实不是一件坏事，科学家们可以利用这一点，开发出全新的方法对付癌症。比如，血液中的乳腺癌和前列腺癌细胞都会被一种名为SDF-1的分子所吸引，而人的骨髓中含有大量这种分子，这就是乳腺癌和前列腺癌通常都会转移到骨髓中去的原因。科学家们正试图利用这一点，在进行肿瘤活体检查和切除手术的同时在病人体内安放一个癌细胞陷阱，其表面带有的大量SDF-1分子可以作为诱饵，把血液中的癌细胞都吸引过来，然后统一歼灭，防止它们继续扩散。

（2015.3.3）

辑 三

运动健康

减肥与反弹

减肥后的反弹几乎在每个减肥者的身上都发生过，这是为什么呢？

小明今年刚三十出头，身体却已经开始发福，旧衣服渐渐穿不上了。终于有一天他对着镜子中的自己暗下决心，一定要减肥。此后他戒了可口可乐和红烧肉，每天坚持在跑步机上锻炼 30 分钟，三个月后体重下降了 5 公斤，他很高兴。此时正好到了年底，单位里应酬不断，朋友们饭局不停。每天晚上面对着满满一桌子好酒好菜，小明没有忍住，多吃了几口，心想大不了过完年再减呗，没想到放松警惕的结果就是刚刚减掉的肥肉又迅速地回来了。看着体重计上的数字，小明再一次发下毒誓，继续减肥。可是，春节马上就要到了……

小明的故事听上去很熟悉吧？事实上，几乎任何一个减过肥的人都领教过体重反弹的厉害。曾经有医生统计过参加减肥训练营的胖子们的减肥成效，发现有超过 90% 的减肥成功者最后都反弹回来了。换句话说，减肥不是难事，最难的是如何保持体重，杜绝反弹。

提到反弹，很多人都会说，那是因为这个人意志力不够坚定，管不住自己的嘴。这话从理论上讲也许没错，但却忽视了一点，那就是减肥所需要的意志力是因人而异的，对于某些人来说，杜绝反弹简直是一件难于上青天的事情。

那么，究竟应该如何来测量每个减肥之人所需要的意志力呢？这就需要做个对照实验了。20世纪90年代，一个加拿大研究小组找来31对健康的同卵双胞胎，把他们分别关在大学宿舍里，给以相同的过量食物，并规定了相似的活动强度。结果发现，不同双胞胎之间对于卡路里的敏感程度有着显著的差别，同样的条件能让某些人在120天的时间里增重不到10磅（1磅约等于0.45公斤），另一些人则增加了高达29磅的体重。

更重要的是，双胞胎之间的增重幅度往往非常相似，这说明一个人的体重和遗传有着相当密切的关系。某人减肥失败，并不能说明他的意志力不够坚定，也许是因为他正好摊上了一个特别容易长肉的“坏”基因。

不过，从这个实验的过程就可以看出，拿人来做科学实验是非常困难的，合格的实验材料太不好找了，因此这类实验进行得不多，样本数量往往很小，时间也不够长，因此科学家们一直没能找到确凿的证据证明到底是哪些生理性因素导致了减肥失败。

2009年，澳大利亚墨尔本大学的科学家约瑟夫·普罗埃托（Joseph Proietto）决定挑战一下这个棘手的难题。他和同事们招募了50名超重的志愿者（男性平均为233磅，女性为200磅），事先全面测量了他们身体的各项指标，尤其是与体重有关的各个荷尔蒙的含量，然后这50名志愿者加入一个减肥训练营，在医生的监督下开始减肥，保证每日摄取的能量总数低于550卡路里。十周之后有34名志愿者至少减掉了体重的10%以上。另外16人则因为没有达到这个最低标准而放弃。此后，这34名志愿者各回各家，继续在医生的指导下自行控制体重。一年后，他们体重几乎无一例外地有了反弹，当初减掉的那30磅体重平均又回来了一半。

此时，医生们再把这34人召回医院，重新测量了他们血液中那些与体重有关的荷尔蒙的水平，发现和一年前相比有了显著的差别。具体来说，他们体内的“饥饿荷尔蒙”（Ghrelin）的水平比一年前平均增加了20%，这让他们更容易感到饥饿。与此同时，他们血液中的“瘦素”（Leptin）和“多肽YY”（Peptide YY）这两种能够抑制食欲的荷尔蒙水平则比一年前显著降低了，仿佛一年前的那次强制减肥过程让他们的身体进入了一种非正常的状态，一年后都还没有恢复到正常水平。

“我们所观察到的现象很像是身体对抗某种疾病时的防卫反应，此时全身所有器官和组织都被调动起来，共同完成同一个目标，那就是增重。”普罗埃托在评价自己的实验结果时说道，“这大概就是减肥的失败率如此之高的原因吧。”

这篇文章发表在2011年10月27日出版的《新英格兰医学杂志》(*The New England Journal of Medicine*)上。一些未参与实验的同行科学家评价说，这项研究虽然存在样本数量少，实验条件不够严格等缺陷，但与此前进行的另外一些研究结果相当吻合。它说明胖人的身体状况反而可以看作是“正常”的，减肥后的人则会处于一种“不正常”的状态，此时身体的正常反应就是赶紧多吃，争取尽快回到“正常”状态。

换句话说，减肥是一项长期的任务，要想不反弹，必须要有异于常人的毅力，大多数人不具备这种超常的毅力，所以他们一旦发胖，注定会终生成为一个胖子。

(2012.1.16)

运动为什么能减肥？

跑步机上显示的卡路里数并不那么重要，
运动的减肥功效来自其他地方。

运动为什么能减肥？这还用问，运动消耗了卡路里嘛。

且慢下结论。如果只计算运动本身所需要的能量，你会发现光靠那点卡路里是很难减肥的。一个中等身材的人在跑步机上匀速慢跑30分钟，所需要的卡路里还不如一罐可乐多，多吃两口饭就补回来了。

不过，很多案例证明运动确实对减肥有帮助，这又是为什么呢？曾经有科学家通过测量耗氧量的办法发现，一个人在运动时实际消耗的能量远大于运动本身的能量需求，仿佛运动以某种不为人知的方式提高了运动者的基础代谢速率。

上述实验做于十多年前，此后科学家们又对运动的其他保健功能进行了细致的研究，试图在分子水平上揭示运动健身的机理，以便将来能研制出一种药，代替运动的功效。这类研究大都是用小鼠做的，结果发现，小鼠在进行了一定强度的运动之后，肌肉组织会产生一种名为PGC1-α 的蛋白因子。这种蛋白因子能够为小鼠带来很多好处，比如促进血管生成，增加线粒体活力，以及防止肌肉萎缩等。

为了证明这些好处确实是PGC1-α带来的，科学家们用基因工程的方法制造出一种变异小鼠，其体内的PGC1-α因子自始至终都要比对照组高，无需锻炼。结果两组小鼠的健康状况有着显著的差异，实验组小鼠的Ⅱ型糖尿病发病率要比对照组低很多，年老时不容易变胖，寿命也更长。

那么，PGC1-α能直接拿来做药吗？肯定不行，因为这是一个转录调节因子，能够影响很多基因的表达，功能太不专一了。于是，科学家们决定再进一步，研究一下PGC1-α到底影响了哪些基因的功能。美国哈佛大学医学院癌症研究所的布鲁斯·斯皮尔格曼（Bruce Spiegelman）博士及其团队通过实验发现，PGC1-α能够催化一系列生化反应，促使肌肉细胞释放出一种名为鸢尾素（Irisin）的荷尔蒙，将普通的白色脂肪细胞转变成棕色脂肪细胞。正是由于这个变化，导致了运动后基础代谢水平的提升，从而消耗了更多的能量。

斯皮尔格曼博士将研究结果写成论文，发表在2012年1月26日出版的《自然》杂志上。要想看懂这篇文章，首先必须弄清楚两种不同颜色的脂肪细胞到底是怎么回事。众所周知，脂肪细胞的主要功能是储存脂肪，正是那些脂肪分子让脂肪细胞呈现白色。但是，科学家发现，小鼠体内有些脂肪块是棕色的，原因在于这些脂肪细胞内含有超大量的线粒体，再加上细胞间丰富的毛细血管，使得这种脂肪细胞呈现棕色。线粒体和毛细血管都与能量代谢有关，这两个特征让科学家怀疑这种棕色脂肪的功能是产生热量，事实证明科学家猜对了。

原来，不知是何原因，小鼠没有进化出“哆嗦”的功能。凡是在大冷天出过门的人都知道，人遇寒就会哆嗦，也就是肌肉不自主地收缩，以此来产生热量，帮助人体抵御寒冷。小鼠不会哆嗦，它们靠的就是体内含有的大量棕色脂肪，这些脂肪细胞能够不断地消耗能量，产生热量，帮助小鼠保持体温。

后来发现，刚出生的人类婴儿体内也含有少量棕色脂肪，大概占体重的 5% 左右。这是因为婴儿体积小，表面积相对较大，散热快，再加上婴儿的肌肉不健全，尚不具备哆嗦的能力，所以棕色脂肪就派上了用场。长大后人就不需要这个了，棕色脂肪的含量便越来越少。事实上，科学家们以前一直认为成年人体内是没有棕色脂肪的，但后来的研究发现成年人体内也有极少量的棕色脂肪，主要存在于后背、脊椎两侧、脖子两侧和肩窝处，只有用特殊的仪器才能“看见”它们。

棕色脂肪的含量因人而异，差别非常大，也许这就是有的人看上去很瘦，却特别耐寒的原因。

那么，棕色脂肪所需的能源来自哪里呢？以前科学家认为是葡萄糖，但进一步研究发现，棕色脂肪其实是依靠燃烧周围的白色脂肪来产生热量的，换句话说，棕色脂肪就好像是一台不停地工作着的锅炉，白色脂肪就是燃料。明白了这一点，我们就不难理解斯皮尔格曼博士的这篇论文为什么会引起轰动了。如果鸢尾素能够促成白色脂肪向棕色脂肪的转变，那就意味着只要将其注射进人体，就将显著提高人的基础代谢速率，不用运动也能消耗脂肪了。

当然，这种听上去很神奇的减肥法距离实际应用为期尚远，还有很多问题需要解决。比如，如何保证鸢尾素不会提高人的食欲？它有没有其他的副作用？等等。但不管怎样，斯皮尔格曼博士的这篇论文为我们揭示了运动减肥的秘密，跑步机上的数据只是其中的一个因素而已。

事实上，这篇论文还告诉我们，运动对身体的好处是多方面的，减肥只是其中之一。

（2012.2.13）

雄性激素与运动天赋

雄性激素并不一定和运动能力直接相关，
以此为标准进行的性别鉴定不科学。

看过伦敦奥运会女子800米决赛的读者一定会对南非选手塞门亚留下深刻的印象，她不但脸型很像男人，身材也像，骨架和肌肉类型和其他几位参赛选手有着非常大的区别，难怪国际奥委会曾经专门对她进行过性别鉴定。

运动员性别争议的历史非常悠久，早在1932年的洛杉矶奥运会上就有一位获得女子100米冠军的波兰选手因为身材男性化而引起了人们的议论。但是因为性别问题有些特殊，直到她去世后进行尸检才终于发现她有部分男性生殖器官，属于双性人。

国际奥委会曾经要求所有参加奥运会的女子选手提供性别鉴定报告，但最终因为这项规定有侵犯人权的嫌疑而于1992年被迫取消。但是奥委会还是给自己留了一条后路，保留了对个别运动员进行性别鉴定的权力，塞门亚的出现让奥委会不得不动用了该项权力。

也许有人会问，性别鉴定应该很简单啊，只要查一下运动员的染色体不就可以了吗？事实并不是这样简单。所有人在胚胎早期都是中性的，只有当Y染色体上携带的几个基因在适当的时候活跃起来，才会发育成男性。如果Y染色体由于某种原因没有适时被打开，或者其他基因代替了Y染色体的某些功能，就会出现XY染色体最终发育成男性，或者出现XX染色体最终发育成女性的情况。这就是为什么性别鉴定是一门复杂的学问，需要由妇科、内分泌科、心理科和内科等专家们共同会诊才能下结论。

国际奥委会的性别鉴定结果是：塞门亚是女性，将被允许参加女子比赛。但出于对塞门亚的尊重，奥委会没有公布鉴定的细节。不过，这次鉴定过程本身已经给塞门亚带来了不小的伤害，她一度闭门不出，成绩也一落千丈。此事遭到了很多国际田径元老们的指责，好在塞门亚及时调整了自己的心态，恢复正常训练，以旗手的身份参加了奥运会，并拿到了一枚银牌。

为了彻底规避性别鉴定所带来的各种问题，国际奥委会于2012年6月正式出台了一项新的规定，取消了性别鉴定，把雄性激素作为唯一的标准，拒绝患有“高雄激素血症”（Hyperandrogenism）的运动员参加女子项目比赛。换句话说，奥委会不再关心某个人到底是法律意义上的男人还是女人，它只关心该运动员是否因为天生雄性激素水平高而对其他选手不公平。

这项新规定看似十分合理，但如果我们仔细研究一下就会发现，它同样存在很多不科学的地方。首先，该规定假设雄性激素会导致不公平竞争，但实际上，医学界对于雄性激素是否一定会提高运动员的成绩一直存在争议。已知在通常情况下雄性激素确实可以增加肌肉的体积、力量和持久力，也可以刺激血红蛋白的合成，从而提高血液携带氧气的能力。这两条无疑都能提高运动员成绩，但问题在于，上述优势都不是单靠雄性激素就能实现的，还需要很多其他条件共同作用才能有效果。另外，每个人对于雄性激素的感受度都是不同的，有人天生迟钝，对雄性激素不敏感，因此需要分泌更多的激素才能达到同样的效果，但是按照新的规定，这样的人就失去了比赛的资格，这是不公平的。

其次，有很多遗传特征都能提高一个人的运动能力，这是体育比赛的一部分。事实上，对于游泳和田径这类比拼绝对运动能力的项目，世界顶尖运动员肯定具有常人不具备的天赋。众所周知，肌肉分为快肌纤维和慢肌纤维，前者爆发力强，但不持久，后者正相反。研究证明，这两类肌肉纤维是无法互换的，无论怎么训练都不行。也就是说，如果一个人天生具有超强的快肌纤维，那么在短跑项目上无论你怎么练都跑不过他，这就是为什么如今短跑项目已经被祖先来自西非的运动员包圆了，他们天生就具有超强的快肌纤维。

类似的情况还有很多。比如有些人的线粒体发生了突变，天生就比普通人携氧能力高。再比如，有些人的血红蛋白天生就比普通人高，特别适合需要耐力的长跑或者公路自行车等项目，这算不算不公平竞争呢？

以上这几个案例都是已经被证明能够提高比赛成绩的先天性遗传特征，相比之下，雄性激素反而是一个相对较弱的因素，为什么国际奥委会单单把它拎出来呢？奥委会官员希达·维罗利亚（Hida Viloria）解释说，其他遗传因素和性别无关，所以不在奥委会管辖的范围内。从这个解释可以看出，奥委会虽然表面上说不关心运动员的真实性别，但新规定实质上就是一种变相的性别鉴定。

总之，体育比赛的所谓“公正性”是一件很难衡量的事情，明白了这一点，我们就不会纠结于金牌总数了。奥运金牌的背后有很多因素，和一个国家的实力没有必然联系。

（2012.8.20）

运动到底有什么好处?

科学证明，运动有益健康，比药管用。

据说奥运会的一大功能就是提高老百姓对体育运动的兴趣，激励更多的人开始锻炼身体。可奥运会四年才举行一届，如果一个人需要依靠奥运会来给自己鼓劲的话，那也太可悲了。

几乎所有人都说运动有益健康，可运动到底对身体有啥益处？你凭什么说它好呢？事实上，就在伦敦奥运会开幕前不久，《英国医学杂志》(*British Medical Journal*)就刊登了牛津大学教授卡尔·海尼根（Carl Heneghan）撰写的一篇综述文章，批驳了体育界流行多年的六大谎言。比如，没有证据表明运动员需要在感到口渴前就饮用大量的水；没有证据表明含有咖啡因的运动饮料能够帮助运动员提高成绩；依靠尿液颜色来判断身体是否脱水是不可靠的，等等。

海尼根教授指出，体育界的科学标准向来比医学界宽松，很多结论都没有足够坚实的科学证据支持，这就给了运动产品制造商以可乘之机。如今市场上大部分号称能够帮助运动员提高成绩，以及具有某种神奇保健效果的运动产品都是不可靠的。

既然这样，那么运动本身是否真的有好处呢？随便翻开一本养生保健类的书籍或者杂志，都会列出一大堆运动的益处，什么心血管疾病、糖尿病、癌症、抑郁症、中风和肥胖症等都可以通过运动来降低发病率。这些结论到底有没有科学依据呢？为了回答这个问题，美国运动医学学院（American College of Sports Medicine）发起了一项旨在研究运动的保健功能的大规模研究，通过对过去十年里科学期刊上发表的所有与此话题有关的科研论文进行系统分析，得出结论说，上述说法都是靠谱的。

统计结果显示，如果一个人能达到美国政府健康指南所推荐的最低运动水平，即每周进行150分钟中等强度的有氧运动（比如快走或者跳舞），或者75分钟的高强度有氧运动（比如骑自行车或者游泳），那么他的非正常死亡（Premature Death）率就会降低40%左右。

运动的一个最显著的好处就是加强心血管功能。美国南卡罗来纳大学运动医学系教授史蒂文·布莱尔（Steven Blair）曾经在2009年对五万多名志愿者进行跟踪调查，发现心血管系统功能弱是非正常死亡的最大原因，甚至占到总死亡率的16%左右，比肥胖症、糖尿病和高胆固醇血症加起来的致死率还要高。

运动的另一项重要功能就是降低心脏病的发病率。苏格兰格拉斯哥大学的杰森·吉尔（Jason Jill）教授2012年2月发表在《内分泌与新陈代谢》(*Endocrinology and Metabolism*）杂志上的一篇论文显示，运动能够增加极低密度脂蛋白（VLDL）分子的体积，而这种分子的体积越大，就越容易被降解。VLDL是运输内源性甘油三酯的主要形式，其在血液中的浓度与动脉粥样硬化有很大关系。换句话说，运动能够起到冲洗血管的作用，其“救命指数”约等于服用降胆固醇特效药（Statin）。

运动对于预防糖尿病的功效也是有科学根据的。美国密歇根大学的科学家发现，肌肉的收缩能够激活一种名为AS160的信号蛋白，从而给肌肉和脂肪细胞发出信号，加速从血液中吸收葡萄糖，而这个降糖效应在运动结束后几个小时内仍然有效。统计显示，运动的降血糖功效是常见降糖药二甲双胍（Metformin）的两倍。

同样，运动在抗癌、预防老年痴呆，增强记忆力等方面的功效也都逐渐得到证实。2012年7月21日出版的《柳叶刀》杂志发表了一系列论文，指出全世界每年因缺乏锻炼导致的死亡人数大约为530万，和吸烟的致死人数差不多。

也许有人会问，运动的保健功效是否都是减肥之后附加的好处呢？布莱尔教授认为不是这样。他曾经做过一个研究，发现经常锻炼的人即使没有减肥，也比同样体重但不锻炼的人活得长，后者的非正常死亡率是前者的两倍。

既然运动对健康有那么多好处，为什么还是有很多人不愿抽出一点时间做运动呢？密歇根大学的米歇尔·西格尔（Michelle Segar）博士指出，人们通常并不在乎那些潜在的好处，他们更希望听到“运动能让他们的生活立刻变好”这样的结论。“我们的研究显示，那些相信运动能提高当前生活质量的人更容易坚持锻炼，而那些只是为了长寿或者降低疾病风险的人则往往很难坚持下去。”

无数案例证明，人类是一种缺乏远见的物种，科学家们必须学会顺应民意，改变宣传策略，才能让更多的人爱上运动。

（2012.9.10）

像原始人那样生活

有一种看法认为，只有像原始人那样生活，才会活得更健康。这个说法是错误的，事实往往正相反。

最近有股风潮在西方世界很流行，英文叫做Palaeo-trends，翻译成中文的话大意就是“像原始人那样生活”。这一派的拥趸们相信，现代人的生活方式发展得太快了，而生物的进化速度没有那么快，我们的身体还停留在原始人时期，不能适应新的生活方式，我们只有像原始人那样生活，才会活得更健康，更快乐。

“原始人派”出过不少畅销书，还建了好几个网站，宣传自己的理念。在他们的想象中，原始的男人打猎养家，以肉为食，女人在家照顾孩子，母子关系密切，大伙群居在洞穴里，性生活十分随意。所以，这一派的人主张多吃肉不吃淀粉，锻炼时以短时间高强度的项目为主（模仿打猎时的冲刺），随意交换性伴侣，孩子从出生开始就一直跟随母亲生活，直到成年。

针对这股风潮，美国加州大学河边分校（University of California，Riverside）人类进化学家马琳·祖克（Marlene

Zuk）教授近日出版了一本书，从科学的角度分析了“原始人派”的观点。在她看来，这一派的某些说法有道理，但大多数观点都是错误的。

首先，现代人确实有些生活习惯不够健康，比如长时间坐着办公，或者摄入太多甜食。这两条在原始社会都不存在，确实不符合人的生理结构。不过，如果说久坐不好的话，其实人的骨骼结构也不适合直立行走，而是更加适合四肢着地，难道我们为了健康就改爬行吗？

其次，这一派关于原始人生活的很多看法都来自想象，真实情况往往正相反。比如，原始人打猎并不是依靠短距离冲刺，而是更多地采取长距离追赶的方式，直到把动物累得筋疲力尽，再一击毙命。人的很多生理结构都是为了长跑而准备的，比如发达的汗腺和特殊的肌肉类型等，短距离冲刺恰恰是人的弱项。

原始人肯定都是赤足跑的，这一点没有争议。有人因此认为光脚跑步会减少伤病，祖克教授对此有不同看法。她认为两种跑步方式最大的不同在于到底是前脚掌着地还是后脚跟着地，前者才是减少伤病的最佳跑步方式，和是否穿鞋没有直接的关系。但她也相信人的脚掌结构具有很强的可塑性，如果一个人从小就习惯了后脚跟着地的跑法，他的脚部结构就会逐渐适应这种跑法，长大后再更换的话不一定就是好的。

说到饮食，农业的发展确实极大地改变了人类的饮食结构，淀粉类食物骤然增多，但这不等于农业到来之前的原始人就只吃肉。事实上，很多考古学证据都表明早期原始人不但会吃肉，也经常吃植物种子，还会主动去挖掘地下的块茎类植物为食。人类的牙齿结构就是为这种杂食特性而准备的，比如前臼齿的作用就是咬开果壳或者种子皮，食肉动物是不会有的。

至于说性关系，原始人也不像某些人想象的那样混乱。进化理论表明，一种动物到底采取一夫一妻制还是其他形式，和幼儿是否需要很多照顾有关。人类的婴儿恰恰是最需要长时间照顾的，一夫一妻制有助于让丈夫也参与到育儿的过程中来。事实上，随着人类社会结构的日趋复杂，一夫一妻制越来越流行。

同样，原始人的小孩也不是整天跟着母亲生活的。人类学研究表明，原始社会的母亲带孩子是很讲究合作的，小孩大都是由母亲、外婆和阿姨、婶婶等亲戚一同带大的，这样的方式有助于提高婴儿的成活率，让孩子从小就有安全感，增强孩子的族群意识。

最后，祖克教授指出了“原始人派”最关键的错误，那就是忽略了进化的力量。事实上，人和其他生物一样都是一直在进化着的，生物和环境之间是一种动态的关系，没有任何一种生物“完全”适应了周边环境，原始人当然也不例外，当然也就没必要机械地模仿他们的生活方式。

举例来说，农业大约是在1万年前开始发展起来的，这么长的时间已经足以改变人类的很多性状了。比如，乳糖耐受基因和淀粉酶基因的进化就和农业的出现密切相关。说明人类一直在改变自己，以适应新的生活方式。

在这本书的结尾，祖克教授一语道破了“原始人派”的动机，那就是通过美化原始人的生活方式，宣扬所谓的“美丽旧时光”，以此来否定现代文明。比如这一派的人常说古人从不得癌症，癌症是一种“现代文明病”，这完全是造谣。古人不但也会得癌症，而且他们的寿命要比现代人短很多。也正因为如此，大部分古人还没活到得癌症的年纪就死于各种疾病了。

（2013.5.6）

糖衣炮弹

糖的危害不仅仅局限于它所提供的卡路里。对于现代人来说，糖本身就是一种毒药。

非洲中部的丛林里，一个赤身裸体的男人爬上一棵大树，点燃手里的干草，用烟把蜂窝里的蜜蜂熏跑，然后冒着被蜇死的风险把蜂巢取下来带回家，孩子们终于有糖吃了。

这是BBC电视台拍摄的一部纪录片中的场景，盗取蜂蜜对于这个原始部落的男人来说是一项必须学会的技能，否则的话很可能娶不到老婆。他们并不相信蜂蜜有什么神奇的健康功效，唯一的原因就是蜂蜜的甜味。对于生活在热带雨林中的人们来说，甜食是一种极为难得的东西，像毒品一样具有很高的价值。

甜是五味之一，绝大部分食物的甜味来自单糖分子（葡萄糖、果糖和半乳糖）和双糖分子（蔗糖），它们是碳水化合物的基本组分。绝大部分碳水化合物都是以多糖（淀粉）的形式存在的，只有母乳、蜂蜜和部分水果当中才能找到具有明显甜味的单糖和双糖。糖是所有食物当中最容易被转化成能量的分子，在食物匮乏的年代，它是最具营养价值的食品，这就是为什么多年的进化使得人类养成了对甜味的嗜好。

自然界中有甜味的食品非常少，但甘蔗的出现改变了这一状况。这种植物的含糖量非常高，无需复杂的技术就可以直接从中提取蔗糖。但是甘蔗只有在炎热潮湿的热带地区才能生长，所以早期的蔗糖贸易都是被常年来往于南亚诸岛和欧洲之间的穆斯林商人所控制的。对于那时的欧洲人而言，糖是一种非常珍贵的调味品，甚至被归到了香料的范畴里。

随着需求量的不断上升，欧洲人急需找到新的热带土地用来种植甘蔗，这也是哥伦布发现美洲的动力之一。事实上，他第二次驶往美洲大陆的船舱里就带着甘蔗苗，而加勒比海地区很快就成了全世界的蔗糖生产基地，原有的热带雨林被砍伐殆尽。非洲人之所以被大批贩卖到美洲为奴，原因也即在此。随着糖价的不断下降，嗜糖如命的欧洲人的糖尿病和心血管疾病发病率迅速上升，但直到很久之后科学家们才把这两者联系在一起。如今糖的危害早已是医学界的共识，而且这不仅仅是因为糖所带来的热量，它本身就是一种毒药。

但是，完全禁糖既不现实也没有必要，限制摄入量就可以了。到底限制在什么水平呢？这就要依靠实验来决定。科学家们选择用小鼠来做这个实验，一来比较方便，二来小鼠本身就是一种人类的寄生动物，一万多年以来一直跟人类住在一起，吃的几乎是同样的食物，很可能进化出了和人类非常近似的生理系统。

早期的研究设计比较简单，基本上就是用不同含量的糖喂养小鼠，然后检验小鼠的身体状况。依据这类实验，科学家们建议每人每天的卡路里总摄入量当中糖所占比例最好不要超过25%，这个标准并不低，即使一个人每天吃的都是低糖的健康食品，但只要喝三罐可乐就超标了。据统计，大约一半的美国人是这样生活的，这种情况在发达国家相当普遍。

问题是，这个实验方法可靠吗？美国犹他大学的生物学家维恩·坡茨（Wayne Potts）认为不可靠。他相信糖对身体的害处是非常微妙的，养在笼子里的实验小鼠不一定能表现得出来。于是，他和同事们设计了一个新的实验，把一群野生的小鼠放到一个模仿真实环境的巨大的试验箱中，然后观察它们的生活。

具体来说，研究人员将一群4周大的小鼠分成两组，一组喂以加糖的食物，即食物中25%的卡路里来自糖。另一组作为对照，喂以普通食品。这样喂养了26周后将它们放进试验箱中自由地生活。因为箱子中安排了数个等级不同的窝，雄鼠们便开始你争我夺，谁都想抢占条件最好的窝，以便吸引到更多的雌鼠和它交配。

就这样过了35周后，研究人员发现35%的加糖喂养的雌性小鼠死亡，而对照组的雌鼠死亡率仅有17%，是加糖小鼠的一半。雄鼠的死亡率倒是没有区别，但是加糖雄鼠在争夺领地的斗争中败下阵来，它们获得好窝的可能性比对照组少了26%。另外，遗传分析表明，加糖雄鼠的后代数量也比对照组少了25%，说明它们在争夺配偶的斗争中也处于下风。

“以前的研究方法就好比是把一辆车停在库房里，然后发动引擎观察这辆车的质量是否合格，这显然是不行的。”坡茨教授说，“我们所采用的新方法更加符合实际情况，最终的结果相当于把毒物的效应放大了，更容易发现有害物质的真正危害。”

坡茨教授将实验结果写成论文，发表在2013年8月13日出版的《自然通讯》(*Nature Communications*)杂志上。研究结果表明，糖的毒性相当高，即使以前被认为是安全的摄入量也是有害的。

坡茨教授把这种实验方法称为“有机行为测验”(Organismal Performance Assay)，他认为应该将其普及到毒物检验领域，作为新的行业标准。

(2013.9.9)

不一样的卡路里

从控制体重的角度看，来自不同食物的卡路里有着完全不同的效果。

现代人吃东西越来越讲究，卡路里成了很多人最看重的食品标签。这原本是个物理学名词，1卡路里相当于1克纯水提升1℃所需要的能量。食品科学领域喜欢用千卡这个单位，这样便于计算。三大营养物质当中，碳水化合物和蛋白质每克大约可以产生4千卡的能量，脂肪的能量密度则要大得多，每克脂肪可以产生大约9千卡的能量，这就是为什么人体将大部分多余的能量储存在脂肪里，可这么做的结果却给我们这些衣食无忧的现代人带来了无尽的烦恼。

按照目前流行的说法，一个人每天吃进去的食物所含有的总能量减去这一天消耗掉的总能量就是此人一天的净能量值，这个值和脂肪的联系非常密切，如果这个值是正的，多出来的能量就转变成脂肪，人就会发胖，反之就燃烧脂肪填补空缺，于是很多打算减肥的人根据每天所消耗的卡路里总量来决定到底吃多少食物。问题在于，食品卡路里的算法还是19世纪美国化学家威尔伯·阿特瓦特（Wilbur Atwater）

首先提出来的，多年来一直没有修订。最近有很多学者指出这个算法过时了，实际情况远比食品包装袋上印着的那个数字要复杂得多。美国北卡罗来纳州立大学营养学家罗伯特·邓恩（Rob Dunn）在 2013 年 9 月出版的《科学美国人》（*Scientific American*）杂志上撰写了一篇综述文章，详细解释了其中的原委。

在邓恩教授看来，有三大因素决定了来自不同食品的卡路里对于不同的人有着完全不同的效果。首先，人类的消化能力是不一样的。最常见的原因是消化酶的种类和含量有差异，这个很好理解。还有一些不太常见的原因也能导致这个结果，比如 20 世纪初期有人曾经研究过不同人种的大肠长度，发现俄罗斯某个族群的大肠长度比波兰某族群的平均值要长 57 厘米之多！大肠是营养吸收的重要器官，这个差异说明不同人群之间的消化能力存在着巨大的差别。

人类的消化能力不但和自身的生理特征有关，也和肠道菌群的种类有关系。人的肠道菌群大致可以分为壁厚菌门（Firmicutes）和拟杆菌门（Bacteroidetes）这两类，胖人的肠道菌群以前者为多，原因可能在于壁厚菌门的成员们更善于从食物残渣中吸收营养。

其次，不同食物的易消化程度也是不同的。食物在成为人类的盘中餐之前也是生命，它们不是为了人类而生的，有着自己的行为逻辑。比如很多植物的茎叶都含有毒素，防止动物吃它们。人类培育多年的粮食和蔬菜虽然毒性已经很小了，但植物细胞的细胞壁仍然很难消化，必须借助外力研磨，高温处理，或者一些特殊的酶的作用才能打破这个屏障。

另一个有趣的案例就是果实和种子。植物进化出果实是为了吸引动物来吃，借机传播种子，而果实里面包含的种子却又必须能经受动物消化道的考验，否则就前功尽弃了。这就是为什么大多数果实含糖量很高，容易消化，对动物有很大的吸引力，而种子虽然富含营养，却极难消化。美国农业部的科学家珍妮特·诺夫特尼（Janet Novotny）及其同事2012年在《美国临床营养学杂志》（*The American Journal of Clinical Nutrition*）上发表过一篇论文，通过分析志愿者的排泄物，证明卡路里数值为170千卡的杏仁实际的净吸收量仅为129千卡左右，将近1/4的能量人体无法吸收，最后都被排泄掉了。

第三，消化过程本身也是需要消耗能量的。人体消化不同食物所需能量差异也很大，这就导致不同食品的净能量值存在巨大差别。比如，单糖是最易消化的食品，几乎不用耗费什么能量。由单糖分子首尾相连而成的长链碳水化合物则需要消耗一部分能量将化学键打破，这就是为什么在卡路里数值相同的情况下吃淀粉比直接吃糖要健康得多。脂肪也是一种很容易消化的食物，蛋白质则比较困难，同等卡路里情况下，消化蛋白质有可能需要消耗比消化脂肪多五倍的能量。

值得一提的是，不但消化过程需要耗费能量，人体还必须防备来自食物的病菌。如果遇到比较“脏”的食物，人体免疫系统就会被动员起来监视敌情，这也需要消耗一部分能量。如果食物中的“敌人”太多，人体甚至会激活一套应急系统，通过“拉肚子”的方式把未经消化的食物排出体外。不用说，此时的净能量值又得另算了。

总之，食物的卡路里数值只是一个估算，不同食物的卡路里彼此之间的“增肥”效果相差极大。要想控制体重，不但要减少卡路里摄入量，还要尽量减少单糖和精制加工食品的摄入量，多吃粗粮、生菜和蛋白质。

（2013.9.16）

睡眠与肥胖症

人在睡觉时不能吃饭，吃饭时没法睡觉，有证据表明动物很可能用同一套系统来控制这两种行为。

果蝇和小鼠是生物学家最喜欢使用的两种实验动物，因为它们的身体结构和行为都足够复杂，基因也已经被研究得非常透彻了。相比之下，细菌的基因组虽然也被研究得很透彻，但细菌太简单了，人类的大部分行为它们都没有，研究成果很难推广。

比如，果蝇也会像人一样暴饮暴食，变成一只“胖苍蝇”。很早就有科学家利用这一点，用果蝇作为模型动物来研究导致肥胖的遗传因素。其中，一个名为 sNPF 的神经多肽引起了大家的注意。顾名思义，这是一个由神经细胞分泌的肽分子，这类分子通常由几十个氨基酸组成，专门负责在神经细胞之间传递信息，或者向体内的其他细胞发出指令。不少证据显示，这个 sNPF 与果蝇的进食行为密切相关。一位韩国科学家在 2012 年 8 月出版的《公共科学图书馆·遗传分册》上发表过一篇论文，证明如果通过遗传手段人为地增加 sNPF 基因的活性，可以让果蝇食欲大增，体重自然也就上去了。与此相反，如果降低该基因的活性，果蝇的食欲则会相应地下降。

既然如此，如果能发明出一种药，特异性地降低 sNPF 基因的活性，是不是就能帮助人类减肥呢？答案不是这么简单。首先我们需要知道人体内是否也有这个基因，幸好研究证明答案是肯定的，包括人类在内的所有哺乳动物体内都含有一个和果蝇的 sNPF 基因功能类似的同源基因，学名叫做 NPY。第一个问题解决了。

第二个问题是，这个 NPY 基因是否也能够导致人类暴饮暴食呢？要想知道这个问题的答案，显然不能拿人来做实验，只有去麻烦一下和人类亲缘关系很近的小鼠了。实验结果表明，降低该基因的活性同样可以让小鼠食欲降低，从而达到减肥的目的。

要想以此基因或者其受体为靶点制成减肥药，光有上面两条还不够，还必须知道该基因是否还有其他副作用。实验证明还真有，NPY 基因编码的神经多肽除了能够调节小鼠的新陈代谢之外，还能影响小鼠的睡眠节律。

这个结果一点不奇怪。从进化论的角度看，睡眠和觅食这两种行为占用了动物的大部分时间，两者互相竞争有限的时间资源。生活经验也告诉我们，新陈代谢紊乱的人往往睡眠习惯也不好，这方面可以找到很多案例。问题在于，新陈代谢和睡眠习惯之间的关系非常复杂，一句话解释不清楚，而 NPY 基因到底在其中扮演怎样的角色也未搞清，在此之前是不能随便开药方的。

既然如此，那就再去麻烦一下果蝇，研究一下 sNPF 基因是否会对果蝇的睡眠行为带来影响。美国布兰代斯大学（Brandeis University）的生物学家莱斯利·格里菲斯（Leslie Griffith）博士决定接受挑战，看看如果把果蝇的 sNPF 基因关掉会有什么结果。这个实验听起来似乎很复杂，但对于果蝇来说却只是一个常规小手术，这就是生物学家都喜欢用果蝇的主要原因。

具体来说，研究人员在果蝇的神经系统里引入了一个“温控阳离子通道”（Warmth-activated Cation Channel），当环境温度低于 22℃的时候这些神经细胞就被该通道激活，大量分泌 sNPF 神经多肽。当环境温度高于 26℃的时候这些神经细胞就被抑制，停止分泌 sNPF。这样一来，研究人员就可以很方便地通过控制环境温度来控制 sNPF 基因的活性，而且可以很容易地在两者之间互换。

实验结果让科学家们大吃一惊，当环境温度低于 22℃时这些果蝇仿佛变成了瞌睡虫，随时随地都能睡着，而且睡得很死，只有实在饿得不行的时候才醒来，随便吃几口饭就又再次入睡。当环境温度高于 26℃时，这些果蝇的吃饭和睡觉节奏便都恢复了正常，看不出太多的后遗症。

格里菲斯教授将研究结果写成论文，发表在《神经元》（*Neuron*）杂志 2013 年 10 月刊上。她在评价这个实验结果时认为，sNPF 基因对于果蝇睡眠的影响是如此强烈，说明这个多肽分子除了能够调节果蝇的新陈代谢速率外，很可能也是促使果蝇进入睡眠状态的重要信号分子。这个结论再次说明动物的新陈代谢和睡眠节奏是绑在一起的两种性状，彼此互相影响，难以分离。

接下来，格里菲斯教授打算将主要精力放到 sNPF 基因的促睡眠功能上来，试图搞清其背后的生化机制，为减肥药的研发扫清障碍。在此之前，我们只需记住睡眠质量会影响新陈代谢，要想保持身体健康，一定要睡好。

（2013.10.21）

经常运动的人更聪明

运动不但可以使你变得更聪明，还会让你的孩子赢在起跑线上。

在民间传说中，运动就像喝水一样，具有包治百病的神效。但在科学家们看来，运动的好处有很多是被夸大的，没有科学根据。不过老师们最喜欢这些夸张的说法了，他们认为这能提高学生们上体育课的兴趣。其实这样的虚假宣传往往会起到反效果，导致一些人运动了一阵子后看不到回报，便失去了继续下去的动力。

当然了，运动确实有很多已被证实了的好处，比如提高心血管系统的功能，减少心脏病发病率，缓解Ⅱ型糖尿病症状等。但是，对于那些身体健康，距离上述毛病还很远的人们来说，是否就不用运动了呢？事实上大多数学生都符合这一条件，于是老师们便会亮出杀手锏，宣称运动能提高脑力，让人变得更聪明。这个说法对不对呢？ 2013 年 11 月 9 日出版的《新科学家》（*New Scientist*）杂志探讨了这个问题。

追本溯源，运动提高脑力的说法起源于 20 世纪 60

年代，但因为证据不够充分，始终没有太多响应。1990年，美国伊利诺伊大学的生物学家亚瑟·克莱默（Arthur Kramer）博士设计了一个实验，让一群平时不爱运动的人进行六个月有氧运动，然后测试他们思维能力的变化，发现确实有所提高。他把研究结果写成论文发表在《自然》杂志上，是这个领域的第一篇有分量的研究文献。

几乎与此同时，美国加州索尔克研究所（Salk Institute）神经生物学家弗雷德·加戈（Fred Gage）博士通过对实验小鼠的研究，发现运动能够促进小鼠神经细胞的生长，这就为运动提升脑力找到了解剖学理由。

从那以后，这个领域涌现出一大批论文，其思路基本上都是上述两篇论文的延伸，要么直接研究人，对比运动前后的脑力变化；要么拿小鼠做实验，研究运动对于神经系统产生了怎样的效果。大部分研究都证明，运动确实能提高神经系统的工作效率，让人更聪明，而且对各个年龄段的人都有效。

不过，运动对于脑力的提升并不是简单的正比关系，否则的话职业运动员就应该是这个世界上最聪明的人了。美国南加州大学的生物学家梅根·赫尔廷（Megan Herting）博士在研究了运动对于儿童神经发育的影响后认为，运动不是直接提高脑力，而是维持脑力不下降。她认为，人的正常生理状态应该就是在运动着的，人脑经过多年的进化，已经适应了这种状态，不运动反而是不正常的。

仔细想想，这个说法很有道理。我们的祖先依靠打猎和采集野果为生，几乎每天都在四处奔波。进入农业社会后，人类也需要每天劳动才能获得足够的食物，这就是为什么在古代是没有运动这个概念的。只是工业革命出现后，生产力大幅度提高，越来越多的人变成了整天坐办公室的白领，运动这才终于变成了一种需要提倡的生活习惯。

一些科学家甚至认为，人类引以为豪的大脑，很可能就是运动过程的副产品。纽约州立大学的科学家曾经研究过不同动物的运动能力和脑容量之间的关系，发现新陈代谢速率越高的动物，大脑占身体的比重就越大。而人类是公认的哺乳动物耐力之王，我们的祖先跑不快跳不高，纯粹是依靠出色的耐力抓捕猎物。科学家们相信，正是在运动能力不断提升的过程中，人的脑容量不断提高，最终出现了智力飞跃，诞生了现代人。

为什么会出现这种情况呢？一个很明显的原因是，神经活动需要消耗大量的能量，而运动能促进血液循环，提高毛细血管的供氧能力，保证超级大脑能有足够的能量。但是另一个原因似乎更为关键，研究显示，运动能够促进神经系统分泌多种神经生长因子，包括胰岛素样因子（IGF-1）和脑源性神经生长因子（BDNF）等。这些生长因子不但能加快神经细胞的分裂速度，还能促进神经细胞创建更多的连接，最终导致脑力的提升。

这些生长因子甚至有可能从母亲传递给孩子，这就等于把运动的好处遗传了下去。加拿大蒙特利尔大学的神经科学家在2013年11月10日召开的年度国际神经生物学大会上向与会者报告了一个有趣的实验，他们招募了一批孕妇志愿者，强迫她们每周锻炼三次，每次至少20分钟，对照组则不锻炼。孩子生下来后不久，科学家们利用脑电图测量新生儿的听觉记忆力，这种记忆力被认为是衡量新生儿神经系统发育状况的最佳指标。测量结果显示，锻炼组孕妇生下的孩子比不锻炼组的听觉记忆力好两倍，这说明孕妇们如果坚持锻炼身体的话，可以让生下来的孩子更聪明。

（2013.12.30）

间歇式锻炼法

没时间锻炼？不要紧。新的研究表明，
短时间高强度的间歇式锻炼法同样有效。

近几年国内流行长跑，好多平时坐办公室的白领每周都要跑上几十公里，然后在微信上晒路线图和成绩单。与此同时，更多的人平时基本上不运动，他们给自己找的理由是没有时间。确实，如果一个人每天都要花两个小时上下班，回家后还要做家务，一天下来基本上就剩不下什么时间锻炼了。

上述两种人代表了两个极端，一种人从不锻炼，这显然不好；但另一种人运动成瘾，甚至近乎自虐，这样的锻炼方式真的好吗？

2014 年发表在《心脏》（*Heart*）期刊上的两篇论文对于长时间高强度的锻炼方式提出了质疑。一篇论文来自德国，作者花了 10 年时间跟踪研究了 1038 名冠心病患者，发现运动强度和心脏健康之间的关系类似 U 字形曲线，最不爱锻炼的那群人健康风险最高，其心血管疾病的发病率是适度锻炼的人的两倍。但每天都进行高强度体育运动的人当中心血管疾病的发病率也很高，说明锻炼太多效果反而不好。

另一篇论文来自瑞典，作者花了10年时间跟踪调查了44000名年龄在45～79岁的健康男性，发现每周运动超过五小时的人群当中心房纤颤（一种心律失常，患者有较高的血栓及脑血管栓塞风险）的发生率比每周运动不足一小时的人高19%，这个差别在那些年轻时特别喜欢运动，此后却由于各种原因停止运动的人当中表现得格外明显。

除了这两篇之外，数据库中还能检索到多篇相关论文，结论都是类似的，即锻炼身体虽然有益健康，但超出合理范围的长时间高强度运动反而有可能对健康有害。于是有人提出了一种新颖的锻炼方法，可以称为“间歇式锻炼法”，其特点是强度高时间短，只需很少的时间就能完成。

这个方法很早就有人建议过，但直到最近几年才有人进行了科学的研究。比如，2010年加拿大科学家招募了一群志愿者，将其分成两组，一组进行10分钟高强度的运动，然后休息1分钟，重复四次；另一组则进行同等时间的不间断中等强度运动。一段时间后比较两组志愿者的肌肉指标，发现间歇式的锻炼对于肌肉健康状况的提升效果更好。

挪威科学家则更进了一步，把锻炼时间缩短到了4分钟。他们让受试者每天进行四组高强度的锻炼（比如冲刺跑），每组之间休息3分钟，每周进行三次这样的锻炼，十周之后测量这些人的最大耗氧量，发现和锻炼前相比提高了10%。

这个“最大耗氧量”（VO_2 Max）指的是一个人在以自己最大能力运动时所消耗的氧气量，单位体重的最大耗氧量是衡量一个人体能的最佳指标，也是衡量锻炼效果的一个最准确的指标。

每天四组高强度锻炼仍然很费时间，于是挪威科学家突发奇想，决定再做一次实验，看看每天只要锻炼多短的时间就能见效。研究人员找来26名健康的中年男胖子，把他们分成两组，一组重复前述的运动模式，每天进行四组高强度的间歇式运动；另一组每天只进行一次高强度的运动，每次运动的时间则保持在4分钟不变。十周后分别测量两组受试者的最大耗氧量变化，发现都有所提高，两组之间没有统计学意义上的差异。

能不能再偷点懒，每天只锻炼两分钟呢？答案是：不行！研究结果表明，两分钟是不够的，必须至少4分钟，而且每组锻炼都必须达到很高的强度，以每个人最高心率的90%为标准。如果你不知道自己的最高心率，那就试着在锻炼完后说一句完整的句子，如果你还能顺利地说完一整句，那就说明强度还不够。

间歇式锻炼法对于那些忙得没时间锻炼的上班族来说是个福音，他们无需专门抽出时间去健身房，只要每天快速地爬一次楼梯就可以了。

（2014.6.23）

欺骗减肥法

科学家们正在研究如何欺骗身体，达到减肥的目的。

很久以前科学家们就知道，寒冷的环境可以增加人体新陈代谢的速率，从而达到减肥的目的。

人在遇冷的时候会有两种反应，第一是发抖，也就是浑身肌肉不自觉地收缩，从而产生热量；第二是脂肪颜色发生变化，由浅变深，深颜色的脂肪能够自动燃烧（氧化分解）并发热，从而抵御严寒。

后一条听起来似乎不合道理，脂肪难道不是人体的保温层吗？为什么要烧掉呢？但如果你把脂肪想象成一幢林中小屋的木头墙壁，就不难明白其中的道理了。木头当然可以用作建筑材料，为你遮风挡雨，但如果天气实在太冷了，那就不妨先拆几块木头点火取暖，等将来天气好转了再去采购新木料把窟窿补上。

人类在婴儿时期身体很小，体表面积相对较大，散热速度快，对于保温的需求比成年人大得多，因此采用了“烧木头”的策略，这就是为什么婴儿体内有很大一部分脂肪是能够自主燃烧的棕色脂肪，长大后这部分脂肪就消失了，代之以白色脂肪，用于储存能量，兼具保温功能。当一名成年人偶尔遇到低温时，一部分白色脂肪可以临时地转变成介于白色和棕色之间的“米色脂肪”（Beige Fat），这种脂肪同样可以自主燃烧，产生热量应对严寒。

读到这里，某些体重超标的人可能有想法了。如果能把体内的白色脂肪变成米色的该有多好啊！这样不用每天锻炼就能达到减肥的目的了。问题在于，你愿意为了减肥每天都去冻两小时吗？

加州大学旧金山分校的阿贾伊·朝拉（Ajay Chawla）博士显然不愿意这么做，他研究了寒冷导致脂肪变色的生化机理，然后想办法模拟这个过程，让身体以为自己处于严寒之中。2014 年 6 月 5 日出版的《细胞》杂志刊登了朝拉博士及其同事们撰写的一篇论文，汇报了他们的研究成果。

朝拉博士发现，低温会促使哺乳动物血液中的一种免疫细胞——巨噬细胞分泌两种信号分子，分别叫做白细胞介素 4 和 13（Interleukin-4、13），正是这两种信号分子向脂肪细胞发出指令，命令后者从白色转变为米色。

明白了脂肪变色的机理后，研究人员为一群实验小鼠注射了这两种信号分子，八天里一共注射了四次，这些小鼠果然上当受骗了，以为自己遇到了严寒，将一部分白色脂肪转变成为米色脂肪。两周后这些小鼠体内凭空多出了 4 克的米色脂肪，导致它们每天多消耗 10% 的能量，体重也相应减轻了12%。这段时间里小鼠并没有增加运动量，它们终于实现了“坐着把肥减了”的伟大理想。

当然了，这只是小鼠实验的初步结果，距离人体应用还早着呢。但这个实验首次证明了哺乳动物的体重还可以被免疫系统所操控，这是一项重大的突破。此前科学家们普遍认为，只有大脑和内分泌系统才能控制体重，但这两套系统太复杂了，很难人为操控。操控免疫系统则要容易得多，科学家们能够使用的手段立刻就多了很多，有望最终发明出一种新型减肥药。

这项研究还说明，欺骗有时是非常管用的手段。比如节食早被证明可以长寿，但很少有人愿意饿着肚子活100岁。于是科学家们研究了节食长寿的机理，发现乙酰化酶（Sirtuin）是关键。此前有人发现红酒中的白藜芦醇（Resveratrol）可以激活乙酰化酶，这条消息导致红酒的销量激增。但后续研究表明红酒中的白藜芦醇含量太低了，不可能真有效果，于是大家纷纷开始寻找替代品。2014年初有人发现一种代号为SRT1720的化学分子同样可以激活乙酰化酶，其效力远比白藜芦醇要高，让我们拭目以待吧。

（2014.7.28）

被冤枉的脂肪

动物性脂肪能够增加心血管疾病的风险，这已经是当今人类的共识，但新的研究发现这个结论有待商榷。

脂肪曾经是富裕国家的老百姓最爱吃的食品之一。半个世纪以前，欧美国家人均摄入卡路里的40%以上来自脂肪类食物，尤以动物性脂肪居多。

20世纪50年代，美国明尼苏达大学教授安西尔·基斯（Ancel Keys）通过对上万名来自不同国家人群的研究，发现动物性脂肪的摄入量和心脏病有着很强的相关性。他还提出了著名的“胆固醇理论”，大意是说，动物性脂肪分子和人血液中的胆固醇（以及蛋白质）结合后形成的脂蛋白（Lipoprotein）会在血管内壁上形成堆积，导致动脉粥样硬化，血管被堵塞并失去弹性，最终引发心脏病。

这套胆固醇理论经过多年的轰炸式宣传早已深入人心，不少人甚至能背出其中的细节。比如，真正能导致动脉粥样硬化的是饱和脂肪。动物性食品（肉、蛋、奶）中含有的饱和脂肪通常比较多，所以人们经常将其简称为动物性脂肪。其实植物性食品中也会含有饱和脂肪，有时甚至比动物性食品还要多（比如椰子油），所以说不是所有的植物性食品都安全。

再比如，脂蛋白可以按照密度的高低分为低密度脂蛋白（LDL）和高密度脂蛋白（HDL）两种，前者通常被简称为“坏胆固醇”，因为它才是导致动脉粥样硬化的罪魁祸首。后者通常被称为“好胆固醇”，因为它可以清理血管，抵消LDL带来的负面效应。通常认为饱和脂肪会增加LDL的浓度，不饱和脂肪则会增加HDL的浓度，所以各国卫生部门都会建议国民尽量少吃牛排、黄油和奶酪，代之以富含不饱和脂肪酸的橄榄油。

自从欧美国家率先提倡降低饱和脂肪摄入量后，其国民的心脏病死亡率大大降低，貌似证明了胆固醇理论是正确的。但有科学家指出，这件事也许和饱和脂肪没关系，因为这段时间正好是心脏搭桥手术和动脉支架等新医疗技术开始大量普及的时候，所以这也许只是一种巧合，和饮食习惯的改变没有直接的关系。

换句话说，要想证明胆固醇理论是对的，必须进行更加严格的大规模流行病学调查才行。问题在于，自从基斯教授发表了他的研究成果后，质疑声就没有断过。有人认真分析了他的论文，发现他故意丢掉了一些和结论有矛盾的国家（比如法国）的数据，而且对希腊等国居民脂肪摄入量的统计也存在漏洞，严重影响了胆固醇理论的可信度。

2010年，一份更加全面的调查报告出炉了。报告的作者分析了在全球范围内进行的 21 项相关研究的数据，涉及的人数将近 35 万，结果没有发现饱和脂肪和心脏病之间有联系。2014 年科学家们又进了一步，分析了 72 项相关研究的数据，涉及 18 个国家将近 64 万人，结果同样没有发现两者有直接的关联。

这项研究成果发表在 2014 年 3 月出版的《内科医学年鉴》(*Annals of Internal Medicine*) 上。哈佛大学公共卫生学院教授沃特·维莱特（Walter Willett）在评价这个结果时认为，降低脂肪摄入量的效果取决于你究竟拿什么来代替它。很多人在减少动物性脂肪摄入的同时摄入了更多的高糖食品，而糖也许才是更应该警惕的食品成分。

事实上，越来越多的证据表明，糖才是我们这个时代最大的杀手。这一点是符合进化理论的，因为我们的祖先很少吃糖，我们的身体很可能无法适应今天这么多甜食的冲击。不少西方国家正在开展新一轮健康教育，就像当初对待动物性脂肪那样对待糖。但是，关于动物性脂肪的争议给我们提了一个醒，糖也许并不像宣传的那样糟糕，还需进一步研究才能知道真相。

在此之前，均衡饮食才是正道。

（2014.9.8）

IV

辑 四

神奇世界

黑猩猩的社交生活

通过研究黑猩猩的行为，科学家们发现了人类进化过程中的几个小秘密。

黑猩猩是和人类最相似的哺乳动物，也是距离人类最近的祖先。关于黑猩猩的行为学研究一直是社会学研究领域的热点，从黑猩猩的身上可以看到很多人类特有的复杂属性都是如何一步步进化出来的。

黑猩猩属于珍稀野生动物，研究它们的难度很高，通常只能采取暗中观察的方式，很难做实验。苏格兰圣安德鲁斯大学的科学家设计了一个精巧的实验，发现黑猩猩已经具备了感知同伴心理活动的能力，而这项能力从前一直被认为只有人类才具备。

科学家们用塑料制作了一只仿真度极高的毒蛇，然后把它放在黑猩猩经常经过的地方，并用树叶盖住。这种毒蛇毒性极高，黑猩猩吃过不少苦头。这些毒蛇通常会在某个地方一躲就是一整天，伺机对猎物发动攻击，所以预先发现它们的藏身之地对于黑猩猩来说是很有价值的一件事情。

研究人员躲在暗处，24 小时连续不断地观察经过此处的黑猩猩的反应。不出所料的是，当黑猩猩发现毒蛇的踪迹后首先会迅速跳开，然后再小心翼翼地接近毒蛇并探究真相，同时嘴里发出“呼呼”的叫声，提醒同伴注意。

这件事本身没什么奇特之处，很多动物在遇到危险时都会向同伴发出警报。但是，研究人员发现，黑猩猩并不是每次都发警报，而是只有当身边的同伴没有意识到危险时才会发出“呼呼”的声音。

“我们一直在观察毒蛇藏身之地，所以很清楚地知道黑猩猩种群中哪只猩猩看到了毒蛇，哪只没看到。”负责此项研究的凯瑟琳·克劳克福德（Catherine Crockford）教授解释说，“黑猩猩们似乎并不关心谁在场，而是关心在场的同伴知道什么。黑猩猩们更加热衷于传递同伴不知道的信息，好像他们知道同伴最需要的是什么。”

研究人员将结果写成论文，发表在2011年12月19日出版的《当代生物学》杂志上。这是科学家第一次发现黑猩猩具备感知同伴心理活动的能力，这种能力是语言进化过程中的关键一步。

语言是一个动物群体是否具有高级社会属性的重要指标，但不是必要条件。美国科学家最近就在一群黑猩猩身上发现了互惠式友谊存在的证据，这种友谊可以强化黑猩猩种群的社会属性，甚至可以用来解释人类的进化。

来自爱荷华大学的动物行为学家花了很长时间观察一群生活在塞内加尔东南部方格里（Fongoli）地区的黑猩猩，一共记录到了41次物品易主。黑猩猩经常会互相交换肉食，这不是什么秘密。肉类食品容易腐败，如果一时吃不完的话分给同伴吃是一个非常合理的选择。但是此次发现的41次易主的物品全都是植物性食品，以及工具，这是以前从来没有观察到的现象。

黑猩猩对于私人物品具有很强的保护意识，通常情况下如果一头黑猩猩的私人物品被另一头没有血缘关系的黑猩猩拿走，一定会发生暴力冲突。但是在方格里种群中观察到的物品易主过程全都非常平和，被拿走东西的一方没有表示出任何不快，而是任由一只非亲属成员从身边拿走这件东西，这一点让科学家们感到十分好奇。

进一步研究发现，这41次物品易主当中有27次是雌性从雄性身边拿走东西。科学家相信这是因为方格里种群的雄性数量多于雌性，雄性黑猩猩必须对雌性示好，才能在将来获得交配的便利。另外的14次物品易主则发生在雄性之间，科学家相信这是因为雄性希望拿走自己物品的一方在未来可能发生的争斗中站在自己一边，帮自己一把。

不管原因是什么，方格里种群的黑猩猩表现出了一种很高级的友谊形式，那就是双方都不会计较谁欠了谁哪些具体的东西，而是利用物品互换来培养感情，以便在将来需要的时候互相帮助。

那么，为什么方格里种群的黑猩猩会进化出这种社会属性呢？科学家们认为这与方格里地区的地理位置和地表形态有关。这块地方属于非洲大草原（Savannah），树木稀少，白天气温又常常高于40℃，黑猩猩们只能躲进山洞或者少有的几个树荫下乘凉。也就是说，这几个难得的阴凉之地为黑猩猩们提供了森林种群少有的聚会场所，无形中促进了黑猩猩社会属性的进化。

众所周知，人类最早就是由一群生活在非洲大草原上的黑猩猩进化而来的，这项研究从社会学的角度解释了为什么会是这样。

（2012.1.23）

酸化的海洋

人类活动排放的二氧化碳导致了海洋的酸化，其速度是最近3亿年以来最快的。

地球表面积的2/3被海洋覆盖，海洋对地球整体环境的影响要大于陆地，尤其在碳循环的过程中，海洋扮演着极为重要的角色。众所周知，地球上的碳元素一直在不停地循环。大气中的二氧化碳大约有1/4被海洋吸收，变成碳酸钙沉入海底，再被地热重新熔化成二氧化碳，由火山带回大气中，完成一轮循环。虽然这一过程非常缓慢，但因为海水总量巨大，这部分碳循环仍然会对大气二氧化碳浓度产生很大的影响，不容忽视。

随着化石燃料的燃烧，大气二氧化碳浓度一直在增加，这一点已经没有任何异议了。事实上，科学家认为，海洋对大气二氧化碳的吸收暂时缓解了大气二氧化碳浓度的上升速度，一旦这种缓解作用失效，大气二氧化碳浓度将以更快的速度增长。

那么，增加的二氧化碳是否会导致大气温度上升呢？虽然绝大部分科学家相信答案是肯定的，但这毕竟是一个漫长的过程，存在诸多变数，于是气候变化怀疑论者一直在这一点上做文章，试图让老百姓相信二氧化碳浓度不一定和大气温度有关联。这个策略非常有效，以至于很多人至今仍然拒绝相信是人类活动导致了全球变暖，因此拒绝参与减排。

就在此时，海洋学家们站了出来。他们指出，即使大气二氧化碳浓度的上升不能直接导致升温，照样会给地球生态环境带来灾难性的影响，原因就在于二氧化碳将使海水逐渐变酸。

学过一点中学化学的人都知道，二氧化碳微溶于水，大气中的二氧化碳与海水结合生成碳酸，改变了表层海水的酸度。酸性的海水带有腐蚀性，能够溶化贝壳中的碳酸钙，影响带壳类动物，以及珊瑚礁的生长。

那么，目前海洋酸化的程度到底有多严重呢？来自五个国家的 21 位海洋科学家联名在 2012 年 3 月 2 日出版的《科学》杂志上发表了一篇论文，得出结论说，目前的海洋酸化速度是过去 3 亿年来最快的！

通过对海底淤泥层的研究，科学家们相信距今 5600 万年前的那次古新世—始新世极热事件（Paleocene-Eocene Thermal Maximum，简称 PETM）是地球古代历史上海洋酸化程度最厉害的一次。在那次事件中，地球二氧化碳浓度增加了一倍（其原因尚未完全搞清，有可能是火山爆发惹的祸），导致地球大气温度升高了 6℃，造成了大量物种灭绝。

值得一提的是，这个 PETM 事件的时间尺度是两万年，而地球二氧化碳浓度在过去的100年里已经增加了30%之多。换句话说，目前的大气二氧化碳浓度升高速度远大于5600万年前的那次极热事件。

那么，PETM事件使得海洋酸度发生了怎样的变化呢？研究人员通过分析南极洲海底淤泥的成分，发现在这2万年时间里海水的pH值最多有可能下降了0.45个单位。

pH值是衡量酸度的单位，pH值越低，酸度就越大。根据联合国政府间气候变化专门委员会（IPCC）出版的评估报告，自1751年工业化开始到1994年为止，海洋表层海水的pH值从8.25降到了8.14，下降了0.11个单位，这相当于酸度增加了29%。据IPCC的估计，如果目前的二氧化碳排放趋势继续下去的话，到21世纪末海水酸度还将再下降0.3～0.5个单位，换句话说，到2010年时海洋酸度的下降幅度就和当年的PETM事件持平了。唯一不同的是，那次极热事件用了2万年的时间，而这次因为人类的参与，只用了不到400年。

"PETM事件中，有5%～10%的海洋物种在2万年的时间里灭绝了，这绝对是不寻常的速度。"这篇论文的作者之一，来自耶鲁大学的艾伦·托马斯（Ellen Thomas）博士表示，"通常情况下每100万年才会灭绝几个百分点。"

如果这种速度已经算是地球历史上罕见的大屠杀，那么如今的情况又该怎么算呢？

"人类今天所做的事情绝对远远超过了地球历史上的任

何一次物种灭绝事件。”这篇论文的第一作者，来自美国哥伦比亚大学的海洋学家巴贝尔·霍尼希（Bärbel Hönisch）博士说，“我们知道海洋生物并没有因那次极热事件而完全死绝，不少动物学会了适应新的环境，但是如果现在这种酸化速度持续下去的话，我们也许会失去一些对人类生存十分重要的物种，比如珊瑚礁、牡蛎和大马哈鱼。”

根据联合国估计，目前至少有五亿人依靠从海洋中捕获的蛋白质为生，他们将是海洋酸化最直接的受害者。

（2012.4.2）

信息时代的社会学研究

社交网络所产生的巨大的数据量，给社会学家们带来了新的挑战。

传统的科学研究基本上可以分成四个步骤，先提出假说，再设计实验，然后做实验并得到数据，最后分析数据得出结论。在计算机出现之前，最重要的是前两步，这也是评价一个科学家水平高低的关键所在。但是随着时间的推移，科学研究的难点已经逐渐向后两个步骤转移，尤其是分析数据的能力正变得格外重要。

这方面的一个经典案例就是四色定理的证明。这个定理最早是在 1977 年被证明的，证明者将无限种可能出现的情况归纳为 1936 种状态，但仅靠人脑是无法对这么多状态逐一进行分析的，于是研究者借助计算机来完成了这个工作。这是第一个主要借助计算机的超能力而被证明的数学定理，虽然证明过程不够漂亮，没能显示出人类理性的优美，但随着计算机性能的不断提升，借助计算机的力量来完成一些人类完不成的工作已经成为科学研究的常态了。

遗传学就是一个很好的案例。遗传学的开山鼻祖孟德尔仅仅依靠数豆子就总结出了遗传学的基本规律，但当基因组的密码被破解后，遗传学家们所要面对的数据量越来越大，对基因序列的数学分析已经可以自成一派，变成一门单独的学问了。

这股风潮甚至已经蔓延到了社会学领域，尤其是社交网络的兴起，为数学分析师们提供了一展身手的好机会，社会学研究迎来了一个全新的时代。

比如，信息的传播模式历来是社会学研究的热点之一。很多研究者把信息比作病毒，认为信息的传播和病毒的扩散十分相似，两者都遵循同样的原则，即接触病毒的概率越高，受感染的可能性也就越大。这个原则在生物学领域已被证明是对的，但在社会学领域是否同样正确呢？换句话说，一个人相信某条信息的概率，是否和他接触该信息的次数有关？

类似问题在以前只能通过调查问卷的方式进行研究，但社交网络的出现为社会学家们提供了一个特殊的试验场。美国康奈尔大学的计算机专家乔恩·克莱恩伯格（Jon Kleinberg）及其同事与著名的社交网站“脸书”（Facebook）合作，从后者的数据库中调出了5400万封电子邮件加以研究。如此巨大的数据量，以及数据来源的公正性，是传统社会学研究者无法望其项背的。

具体来说，“脸书”网站有个功能，即搜索每一位用户的电子邮箱，然后群发一条邀请信，邀请这位用户的朋友也加入“脸书”。这封邀请函同时还会把受邀对象的朋友当中已经加入“脸书”的人的名字一并附上，以造成一种“大家都在玩脸书”的印象。克莱恩伯格教授设计了一个软件，统计了受邀对象在何种情况下才会真心接受这条新信息，也就是决定加入“脸书”。

分析结果显示，信息传播的效率和接触信息的次数关系不大，一个受邀者接受一个好友邀请后决定加入“脸书”的概率，和他接受了四个好友邀请后决定加入的概率没有差别。但是，邀请者所隶属的社交圈子的数量则对最终结果有着直接的影响，数量越大效果就越好。换句话说，如果四个邀请者分别来自不同的背景（比如同事、朋友和家人），比他们全都来自同一背景的效果要好很多。

研究者还统计了被邀请者加入“脸书”后的活跃程度，发现结果同样如此，越是被不同的社交圈子吸引进来的用户，活跃程度也就越高。

克莱恩伯格教授将研究结果写成论文，发表在 2012 年 4 月 2 日出版的《美国国家科学院院报》上。这个研究为那些网络广告商提供了一个新思路，以前广告商最看重的是点击量，但这项新研究表明，信息传播的渠道才是最关键的因素，渠道种类越多，广告效果越好。

这种新的研究方法还可以被用在政治学领域。比如一年多前刚刚发生的阿拉伯之春，曾经被西方媒体称为“脸书革命”（Facebook Revolution），这场革命的始发地突尼斯首都突尼斯市就有一个革命后刚刚开张的网吧，取名Facebook，密码就是Revolution（革命）。但是，美国卡内基梅隆大学的计算机专家凯瑟琳·卡利（Kathleen Carley）设计了一个软件，用关键词分析的方法分析了来自18个相关国家的40万篇传统媒体和网络文章，结果显示，“人权”和“国际关系”才是那场革命的关键词，Facebook、Twitter（推特）和Youtube（全世界最大的视频网站）只是起到了帮助信息传播的次要作用。

“社交网络不是（革命的）催化剂，它传播的内容才是。”美国亚利桑那州立大学的计算机学家刘欢（音译）评论道，“社交网络是个超出常规思路的巨大的数据库，社会学家们应该学会如何去驾驭它。”

（2012.5.14）

进化论与经济学

进化论是社会学家们最喜欢引用的科学理论之一，但问题在于他们没能跟上进化论前进的步伐。

“经济人”（*Homo economicus*）是古典经济学理论的一个重要假设，该假设把每一个自然人看作完全以追求物质利益最大化为目的而进行经济活动的主体，而且每个人都有足够的智力做出对自己最为有利的选择。古典主义经济学家们相信，有了这个假设后，经济学就有资格成为一门真正的科学了，因为人类的宏观经济活动可以以这个假象中的“经济人”为单位，用数学推演法计算出来。

但是，这个假设恰好也是古典经济学最为人诟病的地方，因为没人相信每个自然人在每时每刻都会做出对自身经济利益最为合理的选择。反对者认为，“经济人”只存在于理论当中，真实世界要复杂得多，因此古典经济学的很多结论都必须根据实际情况加以修正。

针对这些质疑，自由市场理论的鼻祖之一、美国著名经济学家米尔顿·弗里德曼（Milton Friedman）站了出来，他于1953年发表了一篇题为《实证经济学方法论》（*The*

Methodology of Positive Economics）的论文，为“经济人”假设辩护。要知道，“经济人”是自由市场理论的重要基础，弗里德曼这么做也是为自己的这个宝贝辩护。

弗里德曼在这篇论文中引用了当时颇为盛行的进化论，用达尔文提出的自然选择学说，论证了即使这个假象中的“经济人”不存在，也不会影响到自由市场理论的正确性。他举例说，一棵树的每片树叶似乎都是为了最大限度地获取阳光而生长，但是具体到每片叶子，没人相信它们个个都是数学家，都是在经过仔细计算后才决定了生长的方向。

光从进化论的角度看，弗里德曼举的这个例子是没有问题的。自然选择学说预言，现在生活在世界上的所有树都应该具备这个能力，因为不具备这个能力的都已经被自然选择淘汰了。也就是说，我们可以完全不考虑每一片叶子的生长机理，就可以预言最终的结果必然是光合作用的最大化。

事实上，这种对结果做预测的能力正是达尔文进化论最为成功的地方之一。生物学家甚至发明了一个新词用来描述这种现象，这就是趋同进化（Convergent Evolution）。这方面一个很好的例子就是乳糖耐受基因的出现。众所周知，几乎所有的哺乳动物成年后都不再吃奶，因此也就不再需要乳糖酶了，所以成年哺乳动物体内的乳糖酶几乎不存在，这是符合进化论的。但是自从人类发明了畜牧业之后，动物奶成为优质的蛋白质来源，此时乳糖酶就变得十分有用了。进化论预言，伴随着畜牧业的诞生，成年人必将进化出乳糖耐受的新功能，而事实也确实如此。

如果我们仔细研究一下这个新功能背后的基因，不难发现人类至少在欧亚大陆和撒哈拉南部非洲这两个地方单独进化出了这个功能，其基因突变的模式是不一样的。也就是说，这两个地方的人类虽然生活环境很不相同，进化路径也不一样，但因为一个共同的需要，最终殊途同归。

不过，如果我们再仔细琢磨一下这个案例，不难发现世界上还有很多人并没有进化出这个新功能，原因就在于人类完全可以从其他地方获得蛋白质，这个新功能的重要性并不是那么大，专业的说法叫做“选择压力不够大”。如果你没有意识到这一点，机械地按照进化论来预测人类的发展路径，就会犯错误。

最早看出这一点的是一位来自美国的博物学家史蒂芬·杰·古尔德（Stephen Jay Gould），他和另一位学者联名发表了一篇著名的论文《圣马可的三角壁和过分乐观的范式》（*The Spandrels of San Marco and the Panglossian Paradigm*），用建筑学上的一个概念作比喻，修正了达尔文进化论的一些观点。他的主要论点就是，不能什么事情都机械地套用适者生存理论，在选择压力不够大或者种群数量太少等情况下，最终所产生的性状很有可能是随机的，没法用进化论来解释。

比如男人长乳头就是一个经典案例。在这个例子里，有没有乳头对于男人来说问题不大，选择压力很小，男人干脆就留下了这个几乎无用的残余器官。

古尔德教授的这篇论文发表于1979年，此后经过很多科学家的研究和补充，如今已经成为达尔文进化论的重要补充。但是，弗里德曼教授依据传统的达尔文理论所撰写的那篇论文，至今仍然被自由市场拥趸们视为《圣经》，没有做出相应的修正。美国宾汉姆顿大学教授、进化研究所所长大卫·斯隆·威尔森（David Sloan Wilson）博士最近在《新科学家》杂志撰文称，此事正好说明了社会学研究领域的一个弊病，那就是某些社会学家在引用自然科学理论作为论据时，没有很好地与时俱进，所以得出了很多经不起推敲的结论。

（2012.5.21）

神秘的微观世界

地球上绝大多数微生物都无法进行人工培养，因此人类对它们的了解几乎为零。

地球上生活着的微生物总数和宇宙中恒星的数量相比，哪个更大？答案是：前者的数量大。

再问一个问题：前者到底比后者大多少呢？根据目前的估算，地球上的微生物总数大约是 10^{30}，宇宙中恒星的总数大约为 10^{22}。也就是说地球上的微生物总数不仅比宇宙中恒星的总数还要多，而且多一亿倍！

微生物的总数比较容易估算，但种类就不那么容易计算了。因为微生物的体积实在太小，分辨起来十分困难。如果把一头大象比作一个细菌，再把体积的差别换算成距离的话，那么微生物学家们就相当于站在月球的位置上回望地球上的这头大象，那时恐怕就连它是公是母都很难辨别。

在这超出人类想象的距离之外进行科学研究，需要超出常规的研究思路与工具。说到工具，很多人肯定会首先想到显微镜，但显微镜只适合观察，如果要进行生化分析的话，琼脂的作用更加重要。如果你去过微生物实验室，你会发现大家最常用的一个实验工具就是培养皿，里面铺着一层富含营养的琼脂。每一个细菌都能在琼脂表面单独长成一个肉眼可见的菌斑，每个菌斑里含有成千上万个完全一样的细菌，这在生物学术语里叫做一个“克隆”。因为琼脂是半固态的，细菌的位置被固定住了，无法在菌斑之间自由往来，这就等于将一个细菌克隆并扩增到足够大的量，却没有遭受其他细菌的污染。只有这样科学家们才能对其进行生化分析，包括测量其 DNA 的顺序。

这个研究模式已经持续了几十年。事实上，分子生物学迄今为止所取得的绝大部分成就都来自对于大肠杆菌的研究。可问题在于，自然界还有很多微生物是没法在培养皿中培养的，因此也就没法被克隆。科学家拿不到足够多的克隆细菌，很多生化检测手段都无法应用。

最早意识到这个问题的是美国科罗拉多大学的科学家诺尔曼·佩斯（Norman Pace），他把从土壤中采集到的样本全部打碎，提取出里面含有的全部 DNA，测量 16S 核糖体 RNA 的基因序列。这个 16S RNA 是蛋白质合成过程中必须用到的一种核酸分子，所有细菌里都有它。不同的细菌之间的 16S RNA 顺序有点不同，因此可以用来鉴定细菌的种类。让佩斯吃惊的是，测序结果表明绝大多数土壤细菌都是以前从来不知道的新品种。他曾经怀疑这是 DNA 测序技术本身产生的误差，但后来证明不是这样，土壤微生物确实种类繁多，但因为它们大都没法在培养皿中培养，所以科学家们一直没有任何办法去研究它们。

根据最新的估计，自然界所有的微生物当中超过99%都是无法被人工培养的，因此也就暂时没有任何办法加以鉴定。

说了半天，我们只说到了细菌。其实微生物当中还包括病毒，它们寄生在细菌的身体内，是细菌的寄生虫。研究显示，地球上的病毒总数大约为 10^{31}，也就是说每个细菌周围平均有 10 个病毒伺机入侵。每毫升海水当中最多可以找到 5000 万个病毒，这些病毒平均每天都会把海洋中所有细菌的 1/5 杀死，可见它们对于海洋生物的新陈代谢有着多么重要的作用。

你想研究一下这些病毒吗？很难！既然绝大多数细菌都没办法人工培养，病毒就更难了。可以说，人类对于地球上绝大多数微生物都一无所知，甚至连线索都找不到。

大家都知道生物多样性对于保护地球生态环境是非常重要的，但我们的眼光都被那些肉眼可见的动植物所吸引了，完全忘记了地球上最大的生物多样性宝库其实是属于微生物的，而且它们的作用要比动植物大得多。举例来说，海洋吸收了至少一半的大气二氧化碳，这一吸收过程非常复杂，有大量微生物和病毒的参与，但人类对它们的情况了解得极少，因此也就很难预测它们会对气候变化做出怎样的反应。

幸运的是，随着 DNA 测序技术的改进，科学家们终于开始进入这个神秘的微观世界了。目前有两种新的技术手段和思路可以用来研究这些无法人工培养的微生物。第一种方法叫做“环境基因组学”（Metagenomics），其思路和前文提到的佩斯教授的方法类似，就是利用超强的DNA测序能力，把环境样本中的所有相关DNA序列都测出来，然后再利用超强的计算能力对这些序列进行分析，找出所有具备某种功能（比如光合作用）的基因，这样就可以对样本的某种性质（比如光合作用）进行定量研究了。

第二种方法更先进，就是想办法把微生物一个一个单独分离出来，然后对每一个细胞单独进行DNA序列分析。这个方法如果能实现的话，显然效果更好。目前科学家们已经掌握了测量单个细胞DNA序列的方法，我们有理由相信，在不久的将来，人类将会对地球生态系统有个全新的认识。

（2012.6.11）

音乐的进化

研究表明，达尔文创立的自然选择理论可以用来解释并创造出优美的音乐。

2012年7月英国《卫报》(*The Guardian*)网站出了一道测试题，让读者从五个大约1分钟长的音乐片段中猜出哪个是由电脑作曲的，结果只有24%的读者猜中了正确答案，和瞎蒙的概率差不了多少。

《卫报》为这道测试题起的名字叫做"音乐图灵测试"，一方面是为了纪念英国数学家图灵诞辰一百周年，另一方面也是为了把图灵提出的"图灵测试"扩展到音乐领域。图灵于1950年第一次提出了"机器思维"的概念，并提出了区别机器和人的标准方法，即"图灵测试"。图灵认为，如果在一定时间内和对方进行一系列问答后仍然无法判断它到底是人还是机器，就证明这台计算机具备了和人相同的智力。图灵预言到2000年时计算机将会有30%的可能性通过5分钟的图灵测试，如今电脑的计算能力已经远远超出了图灵当初的预测，但仍然没有一台电脑能够通过图灵测试。

《卫报》的测试题结果表明，计算机很可能会在作曲领域首先通过图灵测试。

《卫报》选择的那个电脑作曲片段是一首单簧管、小提琴和钢琴三重奏，曲名叫做《你好世界！》（*Hello World！*），作曲者是一个位于西班牙马拉加大学内的超级计算机组群，名叫伊阿姆斯（Iamus）。这是阿波罗之子的名字，传说伊阿姆斯能听懂鸟的叫声。《你好世界！》是这台超级计算机创作的第一部作品，于2011年10月15日正式发表。这首曲子算不上优秀，但听上去还算悦耳，音乐素养不高的非专业人士很容易上当。和它打擂台的除了一首马勒作品外，余下三首都是现代作曲家的作品，曲风较为诡异抽象，否则的话《你好世界！》被网友选中的可能性应该会比现在高很多。

那么，伊阿姆斯到底是如何创作出这段音乐的呢？原来，编程者按照达尔文进化论的原则制定了一套程序，先让电脑随机生成一堆音符，然后按照一定的条件对这些随机音符进行筛选，获胜者相互间进行“杂交”，也就是随机互换片段，然后再让电脑进行下一轮筛选，如此这般重复下去。

显然，这套程序的难点在于如何制定筛选条件。编程者对成千上万部音乐作品进行了音频分析，总结出若干条普适规律，然后将其翻译成电脑语言作为筛选条件。这套方法已经自成一派，叫做“旋律组学”（Melomics），依据此法生成的音乐叫做“进化音乐”（Evolutionary Music），伊阿姆斯就是进化音乐的第一位明星级作曲家。

这么说还是有些抽象，估计很多读者没看明白。来自伦敦帝国学院的几位科学家决定把计算机作曲的过程放到网上，让真实的人脑来代替电脑，对旋律进行筛选。他们于2009年开通了一个叫做“达尔文曲”（Darwin Tunes）的网站，先后吸引了七千多名网友充当实验员。

具体做法是：科学家们先让电脑随机生成一堆音乐片段，将其放到网上供网友打分，好听的打5分，难听的打1分，得分高的旋律保留下来，然后模仿自然界的基因重组过程，让电脑随机相互交换片段，生成一批新的旋律，再让网友打分……

这样重复了2513代后，出来的曲子不再是噪音了，而是具备了现代电子乐的很多元素，放到任何一家舞厅里也毫不逊色。研究人员将结果写成论文，发表在2012年6月17日出版的《美国国家科学院院报》上，在公众中引发了关于流行音乐演化过程的大讨论。

“达尔文的自然选择学说在生物界得到了绝大多数人的认可，可在音乐界却只有很少人意识到这是音乐演化的动力之一。”论文的主要作者、进化学家阿芒德·李若伊（Armand Leroi）教授总结道，“大家都愿意相信音乐是天才音乐家头脑中创造出来的独特产物，而我们这个实验证明，听众的口味很大程度上决定了音乐风格的走向。”

比如，他认为常来“达尔文曲”网站打分的那批人大都是电脑极客，他们在现实生活中往往也是电子音乐的拥趸，这就是为什么最后出来的结果和电子舞曲非常像。该网站目前仍然接受听众打分，也就是说，那些音乐仍然在不断进化中，也许再过几年，一部伟大的作品就会诞生。

面对来自真人的竞争，伊阿姆斯也不甘示弱。它创作的一部交响乐刚刚在马拉加大学音乐厅进行了首演，演奏者是大名鼎鼎的伦敦交响乐团。据说这场演出的实况录音已经被灌录成了唱片，即将出版，你会去买来听听看吗？

（2012.7.16）

月经禁忌与宗教起源

月经禁忌和宗教的作用一样，也许都是为了防止女性出轨。

几乎每一个古老的文化都有专门针对月经的忌讳，这几乎成了全人类的普世价值。这种月经禁忌（Menstrual Taboo）大致可以分为两种情况，一种是经期妇女被禁止做一些事情，比如禁止给家人做饭、禁止下地干活儿、禁止和丈夫同床睡觉等。另一种情况是经期妇女被迫做出一些特别的事情，比如在胸前戴个特殊标记，或者离开家去另一处地方暂住等，以便和非经期妇女区别开来。

关于月经禁忌的起因众说纷纭，有学者认为这是怕经期不洁导致传染病，也有学者认为这是部落时代的男性成员对女性的一种歧视，以便更好地从心理上征服她们。甚至有学者认为最早的月经禁忌来自打猎的需要，因为经血的气味会吓跑野兽，所以经期女性被禁止参与打猎，后来这个传统就一直延续了下来。

上述解释都能找到很多反例，人类学家们并不满意。1992年，美国密歇根大学的人类学家贝弗丽·斯特劳斯曼

（Beverly Strassmann）教授提出了一个新理论，她认为月经禁忌的真实作用是为了防止通奸，或者更准确地说，为了防止男人们当冤大头，错误地抚养了别人的孩子。

人类和很多其他哺乳动物有个显著的不同，那就是妇女没有发情期，几乎随时可以性交。另外，人类女性在排卵的时候也没有任何可以察觉的异样，这就导致了男性无法确定配偶所生的孩子到底是不是自己的，这在男权社会是一件天大的事情。事实上，很多人类学家都相信，人类社会发明的很多规矩和禁忌，其目的都是为了解决这个"亲生子难题"。

月经禁忌的"防通奸理论"诞生后，得到了人类学家的积极响应，大家陆续发现了很多案例，证明这个理论相当可靠。但是斯特劳斯曼教授还不满意，她又提出了一个新的理论，认为宗教的作用和月经禁忌是相似的，最初也都是为了防止通奸。比如，世界五大宗教（犹太教、基督教、印度教、伊斯兰教和佛教）都对女性的性生活做出了相当严格的规定，斯特劳斯曼认为这些规定的最终目的都是为了保护男人传宗接代的权利，防止他们把宝贵的资源浪费在别人的孩子身上。

这个说法听上去似乎很有道理，但是有没有办法验证一下呢？斯特劳斯曼发现西非小国马里有个原始部落非常适合用来验证她的假说，这个古老的部落原本有自己的宗教——多贡教（Dogon），但是随着外族的入侵，天主教、福音派新教和伊斯兰教也相继传到了这里，如今很多小村庄都能同时找到这四种宗教的信徒，是考察宗教影响人类行为的绝佳试验场。

不出所料，多贡教也有一个独特的月经禁忌：凡是来月经的妇女都必须住到专门为她们准备的“月经屋”里去，直到月经结束才能出来。这间屋子离村子不远，来来往往的人很多，男人们很容易知道村里谁来了月经。

这事并不像你想象的那么可怕，因为这个村子里的人没有避孕的习惯，83% 的多贡妇女一生要生七个以上的孩子，处于生育年龄的多贡妇女有 29% 的时间在怀孕，56% 的时间在喂奶（因此也就没有月经），只有 15% 的时间会来月经。事实上，当一位妇女住进月经屋时，就说明她的哺乳期刚刚结束，可以开始下一次生育了。

和很多宗教一样，为了让妇女们心甘情愿地住进月经屋，多贡教编造了一个谎言，说经期妇女会传染疾病。斯特劳斯曼对多贡妇女进行了荷尔蒙化验，证明绝大多数妇女都相信了这个谎言，几乎没人作弊。

接下来的事情就是对比一下各种信仰的家庭里各有多少父亲当了冤大头，此事肯定不能靠观察，必须通过 DNA 测验来确定。斯特劳斯曼和同事们想办法收集了 1706 对父子的 DNA 样本，发现信仰天主教和新教的父亲“误养”别人孩子的概率是多贡教父亲的四倍，而信仰伊斯兰教的父亲则和多贡教没有区别。

为了证明这个数据的可靠性，研究人员又对村民的富裕程度以及丈夫外出打工的时间做了统计，结果发现两者都不能用来解释亲子数据的差别。于是，斯特劳斯曼教授将结果写成论文，发表在 2012 年 6 月 19 日出版的《美国国家科学院院报》上。

斯特劳斯曼认为，这个结果说明宗教的一大功能就是防止妇女出轨，保护男人的利益，多贡教的月经屋传统就是为了方便男人们监视自己的妻子而订立的教规。伊斯兰教虽然没有月经屋，但伊斯兰教规定妻子有义务向丈夫报告自己的经期，而且穆斯林的妻子在性方面的自由度也很低，很难出轨。天主教和福音派新教属于新宗教，尚未来得及演变出适合这里的新教规，仍然允许妇女们离开丈夫单独去教堂祈祷，给她们偷情创造了条件。

（2012.7.23）

人造水母

生命并不神秘，只要了解了其中的规律，人类完全能够以一种更加简单的方式仿制它们。

美国哈佛大学和加州理工学院的科学家联手制造了全世界第一个人造水母，虽然它只有一枚硬币那么大，看上去像一朵有八个花瓣的透明塑料花，却真的可以像水母一样在水里游泳，动作也像水母那样优雅。但其实这个人造水母从里到外都和水母没啥关系，它的底盘是用硅胶做的，负责收缩的是小鼠的心肌细胞。

“从外表上看，我们造了一只水母。从功能上看，我们造了一只水母。可从遗传上看，这玩意儿其实是一只小鼠。”研究小组的负责人，来自哈佛大学的凯文·帕克（Kevin Parker）博士这样评价自己的新作品。

帕克是一名生物工程师，研究方向是人造心肌泵。从工程学的角度讲，心脏就是一台肌肉组成的泵，需要时刻不停地泵血，其重要性是不言而喻的。心肌泵看似简单，但人工制造心肌泵尚有很多困难有待克服。帕克认为，原因就在于生物工程学太过粗糙，目前还停留在定性阶段，生物工程师们只知道凭感觉盲目地模仿生物的组织和器官，没有从原理上搞清楚为什么，所以才会有那么多失败。

这方面一个经典案例就是人造髋关节。髋关节属于“硬件”，比较容易仿造，这是最早应用于人体内部的人造器官，但早年的人造髋关节质量很差，寿命极短，用两年就得换。英国整形外科大夫约翰·查恩雷（John Charnley）改变了这一状况，他没有盲目模仿天然髋关节，而是通过分析髋关节的受力情况，以及人造髋关节所用材料和骨头之间的物理化学性质对比，发现新材料改变了关节的特性，因此就必须减少关节的大小才能使它更加牢固。他通过计算，修改了髋关节参数，把关节头和关节面的大小减少了大约 1 英寸，效果和原来一样，但却更加耐用了。

那么，心肌泵都有哪些特性呢？帕克陷入了深深的思考。2007 年的某一天，他去波士顿水族馆参观，被水母迷住了。他突然意识到水母游泳的姿态和心肌泵很相似，如果能想办法用心肌细胞制造一只水母，就能更好地研究心肌泵的工作原理了。于是，他和加州理工学院的一名生物工程师约翰·达比利（John Dabiri）合作，开始研制人造水母。

基本思路很早就定下来了，即先用某种有弹性的材料制成一个底盘，再在上面铺一层心肌细胞，想办法让这些细胞在同一时间收缩，改变底盘形状，把水压出去，水的反作用力就可以让人造水母向前移动了。

这个思路说起来很简单，做起来很难。两人试验了很多材料，最终选择了硅胶。这东西弹性适中，而且非常轻薄。之后，他们仔细分析了水母细胞的分布情况，研究了每一个细胞的形状和收缩模式。然后，两人在硅胶上铺一层蛋白质作为细胞附着生长的涂层，想办法让心肌细胞按照设计的方向生长。最后，他们把人造水母放入生理盐水池，再在水池两端通上电，心肌细胞在电的刺激下开始同步收缩，人造水母终于制成了。

2012年7月22日出版的《自然——生物工程卷》（*Nature Biotechnology*）报道了这个消息，吸引了很多媒体的注意。帕克解释说，他之所以想制作这样一只人造水母，并不是为了好玩，而是为了从工程师的角度研究基础科学。工程界有句谚语：要想证明某个原理是正确的，那就想办法按照这个原理造一件东西出来。帕克想通过制造水母的过程了解心肌细胞的工作原理，以及心肌泵的工作模式，以便将来能制造出人造心肌泵，挽救心脏病人的生命。

这项研究还对“合成生物学”（Synthetic Biology）领域产生了深远的影响。“过去一提合成生物学，大家立刻就会想到基因，大多数人都在尝试把新的基因注入细胞，让细胞长出新的东西。”帕克解释说，“我们这个实验证明，合成生物学可以和基因没什么关系，我们只要好好研究一下生物的形态和功能，然后用我们的方式加以模仿，同样可以造出和生命近似的东西。我们的座右铭是：拷贝大自然，但别太过分。”

这句话背后的含义相当深远。人们常常喜欢把大自然加以神化，认为生命的背后肯定有某种神秘的力量在控制着，人类的智慧无法理解，只能全盘照搬。但有越来越多的科学家不信邪，在他们眼里，生命只是一件精良的物品而已，不见得一定是最完美的。只要找出其内部规律，完全可以通过人工手段对生命加以改造，使之更加符合人类的需求。

（2012.8.6）

公平竞争

在现行体制下，体育界反兴奋剂的斗争很难取得胜利。

奥林匹克运动会关系到国家荣誉，公平是必须满足的条件。但公平二字说说容易，做起来困难重重。伦敦奥运会第一周还没结束，因为竞赛规则上的漏洞引起的争议事件就出了好几起。除此之外，兴奋剂问题也很棘手。中国游泳选手叶诗文在400米个人混合泳上以打破世界纪录的成绩夺冠后，《自然》杂志刊登了一篇评论文章，用叶诗文作为引子，道出了兴奋剂检测领域存在的诸多困难。

体育界大规模兴奋剂检测是从20世纪60年代才开始的，但这半个世纪恰好是生物学发展最迅猛的50年，急于出成绩的运动员和“国际反兴奋剂组织”（WADA）之间的角力随着技术的进步不断攀升，胜利的天平正在转向运动员那一边。

早期的兴奋剂大都是合成类固醇激素或者神经刺激药物，很容易通过尿检和血检检测出来。但是近几年出现了一批新型兴奋剂，要么和天然物质差不多，要么在体内降解得非常快，大大增加了检测的难度。

比如，生长激素（Growth Hormone）可以促进肌肉的生长，如果运动员注射的是天然来源的生长激素，那么几乎没有任何办法可以检测出来。不过天然生长激素比较难弄，国外甚至有人专门盗取死尸的脑垂体，从中提炼生长激素拿到黑市上卖。不过这种方法有风险，曾经有位意大利健美运动员因为注射了从黑市上买来的生长激素而被传染了克雅氏病（疯牛病），白白丢掉了性命。

人类生长激素还可以通过基因工程的方法合成出来。从功能上讲，人工合成的生长激素和天然的没有区别，但是天然生长激素的化学性质不纯，往往会附带一些结构略有不同的异形体（Isoform），而人工合成生长激素则只含有一种形态。正是根据这点细微差别，德国慕尼黑大学医学院的马丁·比德林麦尔（Martin Bidlingmaier）教授发明了一种化验方法，能够检测出某位运动员是否注射了人工合成生长激素。问题在于，生长激素进入人体后 20 ～ 30 小时就会被降解掉，所以只要运动员在大赛前一两天内停止注射，就查不出来了。

“只有特别傻的傻瓜才会因为这个被查出来。”比德林麦尔教授无奈地说。

与此类似，大名鼎鼎的促红细胞生成素（EPO）当初也查不出来，后来发现外源 EPO 和人体自己产生的 EPO 存在微小的差别，并基于这个差别发明出了检测方法，一批运动员应声落马。但是外源 EPO 只能在人体内停留几天，只要运动员计算好日子，照样可以逃过药检。

当然，如果能够不定期地对运动员搞突然袭击的话，生长激素和 EPO 这类兴奋剂还是能查出来的，但如今运动员们已经有了一个更好的选择，那就是 I 型胰岛素样生长因子（IGF-1），它不但能促进肌肉生长，帮助运动员增加力量，而且还和天然的毫无分别，目前没有任何化学手段能够检测出来，唯一的可能就是被当场拿获。还别说，这样的案例还真出现过一次。1998 年，中国游泳队的原媛和教练周哲文去澳大利亚珀斯参加世界游泳锦标赛，被澳大利亚海关查出行李里携带了 13 瓶生长激素。如果这 13 瓶药过了海关的话，应该就可以逃过去了。

如果怕被抽查的话，还可以通过转基因的方式转入多个 IGF-1 基因拷贝，从而让人体自己生产出大量 IGF-1 蛋白质来。这个方法已经在小鼠身上试验成功，来自美国宾夕法尼亚大学的李·斯维内（Lee Sweeney）教授用这个方法培育出一批超级小鼠，比普通小鼠多 30% 的肌肉。虽然目前还没有证据表明有运动员尝试这么做，但技术障碍已经没有了，转基因超人的出现是迟早的事情。

面对层出不穷的新型兴奋剂，不堪重负的国际反兴奋剂组织决定改变思路，尝试用“生物护照”的办法缩小抽查范围。顾名思义，所谓“生物护照”就是为每一名顶尖运动员建立一份生物档案，定期测量该运动员的基本生理指标，比如血液成分等，如果发现异常情况，比如某段时间内该运动员血红细胞含量突然大幅增加，就对他/她重点关照，加大抽查力度。

这个方法最早在2008年开始在兴奋剂的重灾区——自行车领域试用，一位名叫安东尼奥·克鲁姆（Antonio Colom）的西班牙选手因为血液指数出现大幅波动而被盯上，终于在一次抽检时发现他使用了EPO。

生物护照也包括运动成绩，如果一名运动员的成绩突然大幅度提高，也会引起警觉，这就是叶诗文被质疑的根本原因。但是这个生物护照仅仅是质疑而已，如果没有确凿的证据，谁也无权指控。叶诗文取得的成绩完全有可能是她刻苦训练的结果，此时公开质疑她的清白，是非常不公平的。

总之，如果奥运会的性质没有改变的话，公平竞争的理想就是一句空话，很难实现。

（2012.8.13）

印欧语系的起源

科学家们运用遗传学领域的研究方法研究语言的演变，得出结论说，印欧语系的发源地在今天的土耳其境内。

一个伟大的理论，往往能用在很多领域。比如，和爱因斯坦的相对论一样，达尔文的进化论也有狭义和广义之分。狭义进化论指的是生物进化理论，广义进化论的基本原理和狭义的相同，但应用涵盖要广得多，在很多领域都可以用到。

简单来说，任何一样东西，只要满足以下四个条件，就可以用进化论加以解释：一、可以复制自己；二、复制时偶尔会出现差错；三、不同的差错有不同的成活率；四、差错可以被继续复制下去。

显然，DNA 分子是完全满足这四个条件的。除此之外，信息在人群中的传播也满足这四个条件，这就是为什么英国科普作家理查德·道金斯（Richard Dawkins）在《自私的基因》一书的最后一章里发明了“密母”（Meme）这个新概念来形容信息的传播，他认为信息可以分成一个个难以分割的小单元，和基因很相似，密母这个词就是在基因（Gene）

的基础上生造出来的。

语言也是信息的一种，语言的演变史是否可以用生物进化的思路去研究呢？传统语言学家反对这种做法，但新一代研究者却早已迫不及待了。新西兰奥克兰大学（University of Auckland）计算机专家罗素·格雷（Russell Gray）教授和他领导的一个研究小组试图把遗传学的研究方法移植到语言学研究当中去，取得了革命性的突破。

语言学研究的热点之一就是印欧语系的起源问题。印欧语系是世界上使用人数最多的语系，广泛分布于欧洲、西亚和南亚地区。关于印欧语系的起源有两种理论，一种理论认为它起源于黑海北方的大草原（Pontic Steppes），大约在6000年前被一个名叫库尔干（Kurgan）的游牧民族带到了其他地方。另一种理论认为印欧语系起源于安纳托利亚（今土耳其），是在8000～9500年前伴随着农业的传播而散布到世界各地的。

前一派的主要论据来自动植物词汇，他们假设一种语言中如果出现了只在特定地区才有的动植物名称，比如“鲑鱼”和“山毛榉”之类，那么这种语言就很可能起源于该地。但是反对派则认为，因为气候变化等原因，古代动植物的分布情况很可能和现在大不相同，因此这个方法很不可靠。

那么，有没有可能运用遗传学分析中所使用的数学工具来研究语言的起源呢？众所周知，基于DNA顺序变化的数学分析法可以用来推测生命进化的顺序和时间，数学家们只要假定 DNA 突变的概率是固定的（很容易找到符合这个要求的 DNA 片段），就可以通过简单的数学计算分析出两种不同物种的共同祖先是谁以及何时分家的。这样的分析程序已经发展了几十年，相当成熟。

2003 年，格雷教授用这个方法分析了 200 个所有语言里都会有的词汇，比如“我”和“天空”等，然后将它们在各种语言中的变体用数学的语言加以定义，再输入到现成的遗传学分析程序中分析，得出结论说，印欧语系的各种语言分家的时间大约在 7800 年～ 9800 年之间，符合第二种假说。

这篇论文发表在当年出版的《科学》杂志上，引起了很大争议。这个方法只分析出了语言分家的时间，得出的结论相当原始。格雷的学生昆汀·阿特金森（Quentin Atkinson）继承了老师的衣钵，采用流行病研究领域常用的一款分析软件，找出了印欧语系的确切诞生地。

在流行病学领域，很多时候需要医生们通过分析各地采集的样本，推断某种病菌或病毒源自哪里。这不光是遗传问题，还涉及地理学。比如，如果两个地方相隔很远，或者隔着一道山峰，病菌是很难直接传播过去的。因此，研究人员必须想办法把地理信息转变成计算机语言，和遗传信息混在一起进行分析。经过科学家多年努力，这种分析方法已经很成熟了，有了专门的分析软件。阿特金森仿照上次的方法，把语言的变化和地理数据同时输入到计算机中，得出的结论明显支持安纳托利亚起源说。

这篇文章发表在2012年8月24日出版的《科学》杂志上。阿特金森对记者说，他采用的方法叫做贝叶斯种群地理研究法（Bayesian Phylogeographic Approaches），此法虽然很抽象，也很另类，但它正在得到越来越多的语言学家的支持，前景一片光明。

（2012.9.3）

有机食品好在哪儿？

有机食品的优点不能听商家的宣传，需要用科学的方法加以分析。

近几年国内爆出多起食品安全事件，让“有机”这个概念火了起来。很多消费者听信了商家的宣传，认为有机食品比普通食品好，于是超市里有机食品的摊位面积越来越大，价格也越来越贵了。

那么，有机食品到底好在哪里？值不值那个价呢？

要想回答这个问题，首先必须给有机食品下一个准确的定义。这件事说起来容易，做起来却很难，因为各国的标准是不同的。有机这个概念的最低标准很简单：只要是不施化肥，不用化学农药种出来的农产品，以及不用商业饲料以及各种添加剂喂养出来的家禽家畜都可以称为有机食品，国内超市里卖的大部分有机食品都是这么定义的。但是这个定义太过简单了，国外的有机认证体系所制定的标准要比这个复杂多了，除了上述几点外，其生产、加工和运输等整个链条的每一个步骤都必须符合严格的要求，才能被打上有机食品的标签。正是因为认证体系的混乱，以及监管不力等原因，使得国内有机食品行业乱象丛生，很多不法商贩趁机钻空子，欺骗消费者。

有机食品行业和普通食品安全监管体系非常不同，后者可以通过对成品进行化验而做出判断，但有机行业的所有监管手段都只适用于生产过程中，一旦成为商品放到货架上，监管部门就束手无策了。之所以会有这个差别，是因为有机食品和普通食品在成分上的区别非常细微，任何人都很难将两者区别开来。也正是这个原因，使得各个研究机构针对有机食品所做的研究缺乏统一标准，得出的结论五花八门，差异极大，普通消费者根本不知道该相信谁。

为了解决这个问题，美国斯坦福大学的营养学家克里斯托·史密斯－斯班格勒（Crystal Smith-Spangler）教授和她的同事们从论文数据库里检索出了237个符合一定标准的论文，它们的主题都是关于有机食品和普通食品之间的异同。这些研究不但涉及有机农作物，连有机家禽家畜也包含在内。史密斯－斯班格勒将这批论文的结果输入计算机，按照一定的算法对每篇文章的结论进行了整合，并将最终的分析结果写成一篇综述，发表在2012年9月4日出版的《内科医学年鉴》（*Annals of Internal Medicine*）上。

首先，这篇综述发现有机食品所含的杀虫剂残留要比普通食品低，这一点很好理解，用的多自然残留也更多。但是，起码在美国正规商店里出售的普通食品的杀虫剂含量都在规定的范围以内，正常食用不会对人体造成危害。

其次，这篇综述发现有机食品在营养上不比普通食品更好，两者对健康的差别非常小，几乎可以忽略不计。这个结论出乎很多人的意料，他们相信农家肥肯定比化肥更利于植物生长，有机饲料肯定让家禽家畜的肉更富营养，可实际上这个想法是错误的，动植物对于营养的吸收和转化过程抹平了有机和普通之间的差别。

唯一的不同就是磷含量。有机食品往往比普通食品含有更多的磷，但问题在于只有极少数人体内缺磷，磷元素含量的多寡对食用者的身体健康几乎没有任何影响。

那么，有机食品在生产过程中是否对环境更加友好呢？这个问题也已经有了答案。英国牛津大学的汉娜·托密斯托（Hanna Tuomisto）教授及其同事用上述研究方法分析了109篇相关论文，得出结论说，有机农田单位面积的环境污染确实比普通农田要低，土壤的质量也要比普通农田更好，但因为有机农田的产量也低，因此如果按照单位产品来衡量的话，有机农业反而要比普通农业更不环保。

这篇论文即将发表在《环境管理杂志》（*Journal of Environmental Management*）上。分析结果显示，有机农田的土壤有机物含量较高，养分保持得更好，耕作所需的能源也较低，但因为产量低，因此需要占用更多的农田，对环境的影响更大。另外，有机种植更容易导致土壤酸化，对江河湖泊造成的富营养化污染程度也比普通种植更高。有机畜牧业同样不像想象的那样环保，比如养牛业，如果按照单位重量肉类产出来计算，有机散养的牛所释放的温室气体要比普通饲料养出来的牛多多了。

综合上述因素，托密斯托教授得出结论，有机农业并不比普通农业更环保。她认为有机和普通农业各有优缺点，过分偏向任何一方都是不明智的。她建议推广“整合农业”，即把目前已有的各种农业体系中好的一面结合起来，扬长避短，只有这样才能最大限度地保护环境，造福子孙后代。

（2012.9.17）

永无止境

科学家发明出了世界首个人造装置，可以帮助灵长类动物提高脑力。

电影《永无止境》（*Limitless*）有一个离奇的开头：主人公受人蛊惑，服用了一种能够增强脑力的药丸 NZT-48，变成了头脑超人，拥有无限的记忆力和超强的逻辑思维能力，这让他成为股市和金融市场的弄潮儿，赚到了大笔金钱。可惜这部电影很快走向俗套，变成了一个典型的好莱坞式惊悚片，顺带对观众进行了某种道德宣教。

那么，用药物改变大脑有可能吗？当然有。人类已经掌握不少方法，可惜大多数都是负面的，即让大脑变得更糟。这一点都不奇怪，破坏总是要比建设容易得多。只有当你对一个系统有了深入的了解之后，才有可能去改进它。科学家们对大脑工作方式的了解还很肤浅，像 NZT-48 这种能够大幅度增强脑力的药物目前还处于科幻阶段，距离实际应用还有很长的距离，但这不妨碍有人开始尝试去这么做。

2012 年 9 月 14 日，来自美国维克森林浸礼会医学中心（Wake Forest Baptist Medical Centre）、肯塔基大学和南加州大学的几位科学家联名在《神经工程学杂志》(*Journal of Neural Engineering*)上发表了一篇论文，首次通过一块人造装置提升了灵长类动物的脑力。类似的事情曾经在小鼠身上实现过，这是第一次在灵长类身上取得成功。

众所周知，人类大脑中负责思维的部分是前额叶皮层，猴子也是如此。皮层在垂直方向上可以分成六层，各自有不同的功能。其中L2/3层负责接收外来信号，L4层负责处理外来信号，并做出决定，L5层负责信号的输出。科学家们在猴子的L2/3层和L5层之间安装了一个微型仪器，可以同时记录L2/3层接收到的神经信号以及L5层输出的信号。

该实验一共用了五只猴子，科学家们先让猴子们看一张图片，等一会儿后再让它们从1～7个类似的图片中选择一张最相似的图片，选对了可以喝到糖水。经过两年多的训练，猴子们逐渐掌握了这项技能，对于难度较低的选择题，选对的概率为75%，对于难度较大的选择题，选对的概率也有45%，两者都远大于随机选择并选对的概率，说明猴子们是依靠脑力主动做出的选择。

训练完成后，科学家们便开始记录猴子在做选择题时大脑接收和发出的神经信号，并从中寻找规律，直至做到能够预先猜出猴子在接收到某一信号时大概会输出哪类信号。需要强调的是，科学家们只统计猴子在做出正确选择时的信号传递，也就是说，科学家是在神经细胞的层面帮助猴子总结获胜的经验。

接下来就要开始实验这个获胜经验是否有效了。植入猴脑的那个装置不但可以记录神经信号，还可以刺激 L5 层特定的神经细胞，向外发射神经信号。科学家们运用计算机迅速计算出某个特定输入信号后应该输出的信号类型，然后通过这个装置刺激指定的神经细胞，向外发射“正确”的信号，希望通过这个方式帮助猴子做出正确的选择。实验结果表明，这个办法果然有效，猴子们选对的概率在原来的基础上又提升了 10%。

接着，科学家们又做了另外一个实验。首先通过静脉给猴子们注射一定剂量的可卡因，干扰猴子的思考过程，果然它们做选择题时的正确率下降了 20%。然后，科学家们用这个装置帮助猴子做选择题，结果猴子们的正确率又恢复到注射可卡因前的水平，甚至比之前的水平还要高些。

这最后一个实验就是科学家们进行这项研究的目的。原来，老年痴呆患者以及大脑受伤而导致智力受损的病人，其病因都是大脑中负责思考的那部分皮层出了问题，影响了病人及时做出正确的决策。如果科学家们能够发明出一种人造装置，代替大脑的这部分功能，直接把神经信号的输入端和输出端连接起来，跳过出故障的部分，这些病人就有希望了。

当然了，从前文的叙述可以得知，目前这个装置的水平还很有限，与真正实现治愈人类老年痴呆的理想还有很长的距离要走。类似这样的实验是非常难做的，除了科学本身之外，还有很多额外的困难，不少人反对这种实验，认为科学家不应扮演上帝的角色，担心会出现电影《永无止境》中的结果。其实那不过是一部好莱坞电影而已，真正的科学家在做这类实验时必须遵循严格的程序，他们的目的也不是制造超人，而是帮助病人恢复正常生活，恢复做人的尊严。

总之，真正的科学探索不会是永无止境的，但人类目前的水平还远不到需要担心这个问题的时候。

（2012.10.15）

毒药的逆袭

有些毒药违反了毒理学常识，只需很小的剂量就能产生很大的毒性。

提起毒药，一般人首先想到的肯定是砒霜、水银和蛇毒这几个惊险小说中的常客，其实很多我们平时常见的东西如果使用不当的话都能毒死人，就连水喝多了都有可能死于水中毒呢。

那么，到底什么是毒药？17世纪瑞士游医菲利普斯·帕拉塞尔苏斯（Philippus Paracelsus）给出了一个著名的定义："万物皆有毒性，没有任何一种物质是无毒的，有毒无毒的唯一区别就是剂量。"按照这个定义，所谓毒药就是只需小剂量就足以毒死人的物质，但如果低于某个下限的话，再毒的药也毒不死人。

这个定义经过了现代医学的检验，被认为是关于毒药的最佳理论，帕拉塞尔苏斯本人也被后人尊称为"毒理学之父"。这个定义的核心概念就是"不能离开剂量谈毒性"，而这个概念背后有个隐含的前提，那就是剂量越小，毒性也就越小。如果把剂量和毒性分别作为X轴和Y轴做一条曲线的话，那么这条线肯定是一直上升的，只是上升的速度有所不同罢了。

这个前提很符合一般人的常识，也被大多数实验所证实，因此成为毒理学的金科玉律。目前所有关于食品、药品或者环境污染的安全标准都是在上述前提的基础上制定出来的。比如我们经常看到“某某物质的含量不得高于多少多少”这样的安全标准，其背后隐含的逻辑就是某种物质不论听上去有多毒，只要低于此含量就被认为是安全的。这个规定对于工业界显然是有利的，否则的话产品价格将大大提高，而且会有打不完的官司。

但是，这个重要的前提却遭到了部分科学家的挑战。故事开始于20世纪70年代，当时还是一名博士后研究人员的美国神经生物学家弗雷德里克·冯穆萨尔（Frederick vom Saal）发现母鼠胚胎中位居两只雄鼠中间的雌鼠长大后会比其他雌鼠显得更“雄性化”一点，他猜测这是因为这只雌鼠在发育期间接触到了更多的雄激素所致。当时没人相信他，大家都不理解为什么这么一点点差别会带来那么大的影响。但是，冯穆萨尔坚持己见，又设计了很多实验，都证明发育期间微量的性激素变化确实会给小鼠长大后的行为带来显著影响。

1991年，21名相关领域的专家在美国召开研讨会，首次提出了“内分泌干扰物”（Endocrine Disruptor）这个概念。这里所说的内分泌指的是性激素和甲状腺激素等具备强大调节功能的小分子蛋白质，它们直接作用于细胞表面的受体，通过受体来发挥调节作用。某些化学物质因为结构相似等原因，也能够和这些受体相结合，从而干扰了激素的正常功能。

目前已知的大部分内分泌干扰物都是人工合成的小分子化合物，比如一种常用的除草剂莠去津（Atrazine）、杀菌剂三氯生（Triclosan，常用于洗涤剂）和杀真菌剂乙烯菌核利（Vinclozolin，常用于葡萄园）等。其中最引人注目的要算双酚 A（Bisphenol A），这是一种化工原料，广泛用于制造食品包装用的塑料，包括奶瓶和矿泉水瓶等，现代人几乎每天都会接触到它。有科学家认为双酚 A 能模拟雌激素的效果，致使女童性早熟，以及男童前列腺肿大等症状，此事直接导致了欧美国家禁止在婴儿产品中使用它。

内分泌干扰素之所以被单独拿出来说事，主要原因就在于它们完全不遵守前文所说的毒理原则，只需要很少一点点剂量就足以产生很大的影响，浓度高了有时反而没那么毒了。也就是说，如果做一条毒性和剂量相关曲线的话，这条曲线将不再是一直向上的所谓“滑雪道形”，而是呈现 U 形，甚至是锯齿的形状。

为什么会这样呢？目前还没有权威的解释，但是这个奇怪的性质给卫生部门制定安全标准带来了很多麻烦，过去一直沿用下来的传统方法不再适用了。比如，美国食品药品管理局（FDA）规定双酚 A 的安全剂量是每公斤体重每天摄入量低于50毫克，但冯穆萨尔教授根据自己的实验结果得出结论说，这个标准应该降到每公斤体重每天的摄入量低于25纳克才算安全，两者相差200万倍！

那么，为什么美国FDA还没有修正他们的安全标准呢？纽约大学科学新闻传播系教授丹·费金（Dan Fagin）认为，这是因为双方在某些关键理念上有所不同。费金教授在2012年10月25日出版的《自然》杂志上撰写了一篇长文，详细分析了个中原委。按照他的说法，各国卫生部门和各大制药厂这几年一直在试图重复上述研究，但却没有得出同样的结果，于是他们认为冯穆萨尔教授等人的研究样本量太小，而且往往过于依靠某些间接指标，缺乏对最终发病率的直接影响数据。而冯穆萨尔教授一方则反驳说，官方和商业机构的研究思路仍然停留在帕拉塞尔苏斯时代，缺乏专门针对微小剂量而设计的测量仪器，研究设计思路也不对。

随着时间的推移，双方的争执愈演愈烈，甚至出现了人身攻击的情况，这就是西方各国的FDA在这一领域迟迟不做决定的主要原因。好在美国FDA刚刚宣布拨款2000万美元对内分泌干扰物开展专项研究，但是这项研究至少需要五年的时间才能有结果，在此之前我们只能耐心等待了。

（2012.11.19）

鸟儿的口令

有种鸟儿在蛋里的时候学会了家族的口令，说错了就没有饭吃。

南非东部沿海生长着一种当地特有的植物，叫做粉顶花（*Orphium frutescens*）。顾名思义，这种植物的花瓣是粉红色的，看上去很像玫瑰，因此又名海玫瑰。海玫瑰的花蕊是黄色的，同样极为鲜艳，而且看上去特别饱满。事实上，雄蕊的柱头里面也确实饱含花粉，照理说应该是那些以花粉为食的昆虫们的最爱。当然了，海玫瑰同样需要昆虫的光顾，借助它们的身体替自己传宗接代。

可是，仔细研究一下花蕊，你会发现它们竟然紧紧地缠绕在一起，形成一个结，不借助外力几乎无法将其打开，吃到里面的花粉。正因为这个缘故，南非沿海的大部分昆虫都不会光顾海玫瑰，只有木蜂（Carpenter Bee）除外，当它们降落到一朵海玫瑰花上之后，会把原本张开的翅膀收紧，然后用力震动，说来奇怪，当它们这么做了之后，原本紧紧缠绕在一起的花蕊就会突然打开，柱头中藏着的花粉也会喷撒出来，供木蜂享用。

那么，木蜂是靠什么方法让海玫瑰就范的呢？科学家们经过研究后发现，答案竟然是频率。原来，海玫瑰只有在听到中音 C 这个音的时候才会打开花蕊并释放花粉，其他频率都不行，而南非东海岸的昆虫当中只有木蜂能发出这个音，于是只有它能独享海玫瑰那极富营养的花粉。

为了证明这一点，科学家们用一把震动着的中音 C 音叉靠近海玫瑰的花蕊，后者果然被骗，以为是木蜂来了，迅速将花蕊中的花粉释放了出来。

海玫瑰和木蜂之间这种奇特的对应关系对于海玫瑰的好处是显而易见的，这让木蜂得以专吃海玫瑰，大大减少了花粉的浪费，提高了授粉率。木蜂当然也乐于这么做，这样就可以不用和别的昆虫抢食物了。

这个故事来自 BBC 电视台拍摄的纪录片《植物之歌》（*How to Grow a Planet*）。其实如果你仔细寻找的话，自然界中类似这样的故事随处可见，只不过不都像这样“美好”罢了。事实上，不同生物之间经常会因为生存竞争的关系而进化出一些奇妙的特性，比如一种生活在澳大利亚的壮丽细尾鹩莺（*Malurus cyaneus*）就被迫进化出了一种新颖的“口令”。

原来，一种霍氏金鹃（Horsfield's bronze-cuckoo，学名 *Chalcites basalis*）专门“欺负”鹩莺，把自己的蛋下在鹩莺的巢内，骗鹩莺妈妈替自己孵化幼鸟。先孵化出来的金鹃幼鸟更是会把其他尚未孵化的鹩莺蛋推出鸟巢，这样一来鹩莺夫妇就白忙活了。不过，还是有一部分鹪莺能够识别出金鹃的伎俩，否则鹪莺这个种群大概就不复存在了。

澳大利亚弗林德斯大学（Flinders University）的动物学家索尼娅·克伦多夫（Sonia Kleindorfer）教授想知道这部分鹪莺是通过什么办法识别出金鹃的。初步研究后发现，每一窝鹪莺幼鸟的乞食叫声都不同，鹪莺妈妈正是通过幼鸟的叫声来识别敌我的，如果叫声不对，鹪莺妈妈就会将这窝幼鸟遗弃，另起炉灶。

克伦多夫教授曾经尝试把一台小扬声器放在鸟巢内，让其播放"错误"的叫声，鹪莺妈妈果然上当了。不过克伦多夫一直搞不懂这里面的诀窍在哪里，这些不同的叫声是遗传的吗？为什么金鹃幼鸟没有进化出能够模仿鹪莺叫声的机制呢？

有一天克伦多夫在录音时意外地发现，鹪莺妈妈会对着尚未完成孵化的鸟蛋唱歌，似乎在进行某种"胎教"。顺着这个思路追踪下去，她发现鹪莺妈妈果然是通过这种方式教会了幼鸟一种特殊的口令，鹪莺妈妈事先唱什么样的歌，孵化出来的幼鸟就唱什么歌。

为了证明这不是遗传的，克伦多夫偷偷将不同鸟窝里的鸟蛋进行了互换，孵化出的幼鸟果然唱的是"继母"的歌，而不是"生母"的。

接下来一个很自然的问题是：为什么金鹃幼鸟没有学会这种歌呢？克伦多夫教授仔细观察了鹪莺妈妈进行"胎教"

的整个过程，发现她只在孵化进行到第10天的时候才开始教歌，当第一只幼鸟孵化出来后就立即停止。鹪莺幼鸟需要15天才能孵化出来，这就保证了鹪莺幼鸟有大约5天的时间学习本门的口令。金鹃幼鸟只需12天就孵化出来了，也就是说它们只有2天的时间接触这些歌，很可能还没来得及学会这种口令。

那么，某些金鹃又是怎么骗过鹪莺的呢？克伦多夫发现，金鹃的幼鸟相当鸡贼，它们会不停地试唱各种不同的叫声，如果侥幸猜中的话，它们就成功啦。

克伦多夫教授将研究结果写成论文，发表在2012年11月8日出版的《当代生物学》杂志上，这是人类第一次证明鸟儿在蛋里的时候就可以和外界进行信息交换了。这个故事再次说明，进化是一件相当奇妙的事情，有着丰富的可能性。

（2012.12.24）

周期蝉新解

新的研究表明，周期蝉能够控制鸟类的种群数量变化周期，从而躲过这个可怕的天敌。

我曾经写过北美周期蝉（Periodical Cicadas）的故事，这种蝉的生命周期非常长，每13年或者17年才出土繁殖一次，其余时间都躲在地下等待时机。

一提到周期蝉，大家肯定首先想到的是13和17这两个数字，因为它们都是质数，仿佛周期蝉懂数学似的。不过，专门研究周期蝉的科学家们并不这么看，他们认为周期蝉最让人迷惑的地方在于若虫（Nymphs，就是俗称的季鸟猴）的生命周期为什么会这么长？研究表明，周期蝉的若虫在第8年时就已经成熟了，此时如果强行让它们提前出土是完全没有问题的，但这些若虫似乎约好了似的，躲在地下耐心等待，直到第13年或者第17年时才集体破土而出。

周期蝉的这一神奇特性早在1633年就被北美移民们发现了，此后不断有人试图揭开这个秘密，但都无功而返。科学家们提出过很多理论，有人认为周期蝉体内有一种寄生虫，是它们控制了周期蝉的生命周期，还有人认为这是为了防止同类之间互相争夺食物或者近亲交配，以及防范地面上的天敌，后面这两个假说似乎可以解释为什么周期是质数，因为这可以减少同步的机会。问题在于，这些假说都只是理论上的猜想，科学家们没有发现一个确凿的证据。比如，至今没有找到任何一种天敌，其生命周期符合前文提到过的质数假说。

美国康奈尔大学的动物行为学家沃特·科尼格（Walt Koenig）和美国农业部的生态学家安德鲁·利比霍德（Andrew Liebhold）一直对周期蝉很感兴趣，他们注意到有人曾经报告过一个案例，有一窝周期蝉不知为何错误地提前跑出了地面，结果很快就被它们的天敌——鸟统统吃光了，根本没机会繁殖。读到这个故事后两人突发奇想：既然鸟能把“犯错误”的周期蝉统统吃光，说明那些“不犯错误”的周期蝉有某种手段能够躲过天敌的侵害。

于是，两人利用职务之便调取了1966～2010年北美所有鸟类的种群统计表，找出其中15种可以被称为是周期蝉天敌的鸟类，制作了一张随年份变化的种群数量曲线，意外地发现这个曲线的变化周期和周期蝉的生命周期几乎完全重合。“这个结果令我大吃一惊，”科尼格评价说，“我几乎不敢相信这是真的。”

具体来说，17年周期蝉附近的鸟类种群数量变化正好也是17年，而且正好是周期蝉出土的那一年种群数量达到最低点，然后迅速增加，等下一个17年到来时又会再度到达最低点。而 13 年周期蝉附近的鸟类种群数量变化也正好是 13 年，只不过变化曲线更复杂一些，分别在第 4 年和第 10 年时有一个波谷。有趣的是，有人发现 13 年周期蝉种群有时会因为某种不知道的原因而延迟出土，而出土的时间恰好是在第二个周期的第 4 年！

这个结果有没有可能是统计数据的偏差呢？要知道，周期蝉出土的那段时间周围环境是非常吵的，也许鸟们都被周期蝉疯狂的求偶鸣叫声给吓跑了，或者统计鸟类种群数量的工作人员因为环境太吵而没有发现躲在树上的鸟。但后续研究发现即使是周期蝉没有出现的地区，只要和出土的地方挨得足够近，同样会有这个变化，这说明统计结果是可信的。

那么，鸟类的种群数量周期为什么会有 13 年和 17 年的周期呢？两位研究者认为，这是受周期蝉所控制的。周期蝉对于鸟类毫无防范措施，基本上只能坐以待毙，这就是为什么那些“犯错误”的周期蝉很快就被杀死了。周期蝉唯一的防御武器就是等鸟类的种群下降时趁机迅速繁殖，然后钻入土中等待下一次机会。按照这个猜想，如果周期蝉能进化出一种办法，控制鸟类的种群周期，就能逃过一劫，继续繁衍下去。

两位科学家将研究结果写成论文，发表在 2012 年 12 月 17 日出版的《美国博物学家》（*The American Naturalist*）杂志上。这篇文章没有解释周期蝉到底是用什么办法控制鸟类周期的，但两人提出了一个假说，认为周期蝉出土时会给当地的土壤组成带来巨大的变化，从而影响到整个生态系统的构成。也许正是这种突然而又巨大的变化在鸟的身体里埋下了伏笔，最终导致鸟类的种群数量在第 13 年和第 17 年时有个突然的下降。

换句话说，13 和 17 这两个数字也许就是一个偶然，和质数什么的没有关系。

（2013.1.14）

转基因三文鱼

一种能够缩短生长周期的转基因三文鱼早在17年前就被研制出来了，但是由于政治原因，这种鱼迟迟上不了老百姓的餐桌。

“老板，给我来一条转基因三文鱼！”

这不是科幻小说，这句话很有可能在不远的将来成为现实，前提是美国政府把政治和科学这两个不同的概念分清楚。

2012年12月27日，美国食品药品管理局（FDA）在其官方网站上刊登了一则声明，认为转基因三文鱼对环境没有不良影响，此前FDA已经得出结论说这种鱼对人体健康无害，FDA留给公众60天的时间表达意见，如果大家不反对的话，这种鱼很有可能成为第一种被批准上市的转基因食用动物。

有意思的是，细心的读者发现这份声明的落款日期是2012年5月4日，为什么FDA将其扣压了半年多才公布呢？很快有人爆料说，就在FDA公布这份文件的几个小时之前，一家名为“遗传科普计划”的支持转基因非政府组织（NGO）在其网站上抢先将文件公布了出去，并且指责美国白宫的科技政策办公室（OSTP）暗中阻止FDA及时公布这份文件。众所周知，2012年是美国的选举年，转基因技术是一个敏感话题，奥巴马肯定不希望这件事影响自己的竞选。

FDA的发言人并没有针对这一指控发表意见，只是敷衍地说FDA一定会格外认真对待此事，毕竟这将是第一个获得批准的转基因食用动物。

不过，开发出这种转基因三文鱼的美国AquaBounty公司并没有对FDA的拖延表示抗议，因为这种鱼早在1995年就已经被制造出来了，该公司为了获得FDA的批准已经奋斗了整整17年，再多等半年简直不算个事儿。话虽如此，该公司在这17年里一共进行了超过50次安全评估试验，总耗资超过6000万美元，如果再这么拖下去的话，这家小公司肯定耗不起。

那么，这种转基因三文鱼到底安全吗？这就要看一看它到底转了哪种基因，以及饲养和管理方式是否科学。简单来说，美国市场上绝大部分三文鱼都是人工饲养的，大西洋三文鱼因为肉质鲜美，是主要的饲养品种。但是这种三文鱼在冬天会停止生长，饲养周期因此而变得很长，通常情况下至少需要三年的时间才能成熟。AquaBounty公司通过基因工程的办法将王鲑（Chinook Salmon）的生长激素基因转进了大西洋三文鱼体内，新的生长激素从分子结构来看和大西洋三文鱼是一样的，不同之处就在于它的调节机制有细微的差异。在大洋鳕鱼调节因子的控制下，王鲑的生长激素在冬季照样活跃。于是，AquaBounty 再将大洋鳕鱼的调节基因转入大西洋三文鱼体内，同时转入了上述两种外源基因的三文鱼终于可以在冬季继续生长，生长周期因此而缩短到原来的一半，只要 18 个月就可以上市了。

从这个过程来看，转基因三文鱼本质上和非转基因三文鱼是完全一样的，无论是肉质还是生长激素的结构都没有差别，因此 FDA 得出结论说，这种鱼对人体健康没有任何危害。有人怀疑这种鱼的味道很可能不够好，但这一点由消费者来决定就可以了，完全不是问题。

问题的关键就是生态环境。有人担心一旦这种转基因三文鱼逃逸到野外，会和野生三文鱼杂交，从而破坏原来的种群生态。为了解决这个问题，AquaBounty 公司专门培育出了三倍体雌性转基因鱼，也就是说，这种鱼不但只有一种性别，而且体内的染色体有三套，无法和二倍体野生三文鱼杂交，所以这种鱼是无法自行繁殖的。

不但如此，该公司还对转基因三文鱼的饲养条件进行了严格的规定，所有鱼卵只在加拿大一家实验室里生产，然后运到巴拿马的陆上全封闭饲养场进行饲养，保证转基因三文鱼不会泄漏到野生环境当中去。

但是，如此严格的条件依然无法说服反转组织，他们坚持认为转基因鱼不安全，会对环境造成破坏。在他们的游说下，FDA 迟迟不敢做决定，一项本来能够降低成本、造福人类的新技术面临着胎死腹中的危险。

事实上，这不是第一个被FDA毙掉的转基因动物。美国很早就有科学家试图开发出不含过敏因子的羊奶，以及富含奥米茄–3的牛奶。要想实现这两个目标，依靠传统方法几乎是不可能的，必须依靠转基因技术。但是由于民众的误解，美国农业部担心这样的研究很难获得FDA批准，所以一直非常消极。据统计，由农业部拨款的研究经费当中只有不到0.1%是用来支持转基因食用动物研究的，于是很多研究人员不得不到国外去找钱，或者不情愿地改用传统培育方法。

这就好比一个人手边明明有把电钻，却不得不改用锉刀，工作效率可想而知。更糟糕的是，改用锉刀的原因和工具本身无关，完全是政治因素在作怪。

（2013.1.21）

我吃故我在

农业的产生改变了人类的基因，甚至连狗的基因也被改变了。

狗是从狼进化而来的，狼的基因究竟发生了哪些改变？为了回答这个问题，瑞典乌普萨拉大学（Uppsala University）的克斯汀·林德布劳德－图赫（Kerstin Lindblad-Toh）教授及其同事们测出了12头来自不同地区的狼，以及60只来自14个不同品系的狗的全部基因顺序，并做了比较，将结果发表在2013年1月23日出版的《自然》杂志上。

研究显示，狗和狼的基因组之间至少有400万个单点差别（单个字母的变化），逐个研究是不现实的。于是研究人员把注意力集中到了差别较少的基因区域，因为如果某段基因有太多的突变，说明它和动物生存的关系不会很大。最终研究范围被缩小到36个区域，研究人员从中找到了122个基因，正是这些基因发生了变化，才使得狼变成了狗。

进一步研究显示，这36个区域当中有19个都和大脑有关，其中更是有9个区域直接参与了神经系统的发育过程。这一点很好理解，因为狗和狼最大的区别就是性格不同，而性格与神经系统的发育模式密切相关。

另一个发现也很有趣。狼是吃肉的，因此狼体内只有两个编码淀粉酶的基因。但是研究人员在狗的基因组内找到了 4 ~ 30 个淀粉酶基因拷贝，这使得狗的淀粉酶基因活性是狼的 28 倍，其结果就是狗消化淀粉的效率是狼的 5 倍以上。这是为什么呢？

如果我们知道狗大约是在 1.1 万年前开始从狼进化而来的，答案就不言而喻了。农业也是大约在 1 万年前开始的，农业对于人类生活的最大影响就是改变了我们的食谱。我们的老祖宗最早是吃肉的，间或吃点野果或者植物块茎，但是农业把我们的祖先变成了淀粉爱好者。早期农民的定居点周围吸引了一群狼，它们以人类扔掉的淀粉类垃圾为食，逐渐进化出了对淀粉的高效消化能力，以及友善的性格，最终变成了狗。

其实人类也是如此。有研究显示，很早就从事农业生产的人群，比如东亚人或者欧洲人，比一直依靠打猎为生的非洲人体内含有更多的淀粉酶，这说明 1 万年的农业发展足以改变人类及其宠物的基因。

另一个有趣的案例就是人类对于酒精的喜好。人是因为什么喜欢上酒的呢？故事要从果实的起源开始讲起。大约在 1.3 亿年前，地球上出现了开花植物，它们结出果实吸引动物来吃，从而传播种子。果实富含糖分，不但动物爱吃，细菌也爱吃。大部分细菌都在追求高效的“吃糖”方式，将糖转化成二氧化碳和水，释放出能量为己所用。但有一种酵母菌进化出了一个新功能，那就是在糖分充足和缺氧的条件下将糖转化为酒精。这不是高效的利用方式，有点浪费，但这个过程产生的酒精却可以杀死周围的其他细菌，防止它们跟自己抢糖吃。

同样，开花植物也不笨，在种子还未成熟时，结出的果实不但一点都不甜，而且还含有大量毒素，防止嘴馋的动物偷吃。只有当种子成熟后，果实才会变甜。此时果实需要以某种方式告诉动物们来吃，于是有些果实成熟后改变颜色，宣告自己可以被采摘了，这就是动物的彩色视觉系统之所以被进化出来的一大原因。

成熟的果实同时也吸引了酵母菌，它们大量繁殖，将糖转变成酒精，散发出浓浓的酒香。于是有科学家提出一个假说，认为哺乳动物之所以喜欢酒精，就是因为它是果实成熟的标志。不过也有不少人不同意这个假说，他们认为散发酒香的果实往往意味着快要腐烂了，并不是动物们的首选。人类喜欢酒精是从我们学会了如何酿酒后才开始的，因为酒精能让我们的大脑放松，感觉愉快。

那么，人类是从什么时候学会酿酒的呢？答案似乎只有一个，那就是自农业开始之后。农业使得人类第一次有了大量过剩的淀粉类食物，这些食物很难储存，一不小心就会变质，但是如果被酵母菌感染，其产生的酒精可以防止其他有害细菌繁殖，所以老祖宗们很快就学会了发酵的技巧，以此来储存多余的食物。事实上，很多农业社会都是以酒代水的，因为古代的水源极易被病菌污染，喝酒反而是更卫生的。

既然如此，为什么很多东亚人一喝酒就会脸红呢？从化学角度讲，这是因为这些人体内的乙醛脱氢酶发生了变异，酒精的代谢产物乙醛不能很快转化为乙酸的缘故。从进化的角度来说，这个变异基因的流行说明它在某些方面是有好处的。不少科学家认为，东亚人很早就开始种植大米，而大米极易转化为酒精，所以东亚人很早就开始喝酒，并逐渐认清了过量饮酒的危害，于是当一个显示自己不能喝酒的基因突变出现后，有了某种进化优势，这才得以迅速地扩散开来。

所以说，喝酒脸红从某种角度讲是件好事，这说明你的祖先“聪明地”躲开了酒精的危害。

（2013.3.4）

薛定谔的猫

生命很可能学会了量子物理学。

大家都听说过“薛定谔的猫”吧？这是奥地利理论物理学家薛定谔想象出来的一种动物，它同时处于“活”和“死”两种状态，你只有打开箱子看，才会知道它到底是活着还是死了。

显然，现实生活中是不可能存在这种猫的。薛定谔提出这个概念的目的之一就是为了把量子物理学的一些理论应用到实际生活当中，让大家明白两者是多么的不同。事实上，科学界普遍认为量子物理学只属于微观世界，放到宏观世界就不灵了。

生物学研究的是宏观世界，照理说应该用不到量子物理学。但是，近年来有不少科学家相信生物也学会了量子物理学，生理学家卢卡·图林（Luca Turin）博士就是其中比较有名的一位。他出生于黎巴嫩首都贝鲁特，在英国受的教育，他认为动物的嗅觉不是来自于气味分子的形状，而且和原子之间的量子振动有关。

传统理论认为，动物之所以产生嗅觉，是因为鼻腔内的嗅觉受体和气味分子发生特异性结合所致。这种结合取决于双方的分子形状，一种形状的气味分子只能和相应形状的受体相结合，有点像一把钥匙开一把锁。但是图林博士发现，很多含有硫原子和氢原子的化合物无论形状多么不同，都有一股臭鸡蛋的味道，他相信这种味道源自硫原子和氢原子之间的量子振动，和分子形状无关。

具体来说，图林认为当鼻腔内的味觉受体遇到某种气味分子时，受体内的电子会通过“非弹性电子隧道贯穿”（Inelastic Electron Tunneling）而穿越到气味分子当中，并在这一过程中将能量传递给对方，导致气味分子的化学键出现量子振动，从而产生味觉。这个“隧道贯穿效应”是典型的量子领域才会发生的怪现象，就好比一个人骑车爬坡，没怎么用力就过去了，好像坡的中间突然出现了一条隐形隧道一样。

图林提出的理论听上去很玄，事实上也确实很难证明。科学界公认的方法是“同位素法”，也就是用氢的同位素氘来代替氢原子。氘和氢的化学性质完全一样，只是重量有所不同，用氘原子合成出来的气味分子形状不变，但氘原子和碳原子之间的量子振动方式就发生了变化。如果动物们能区分这两种分子的味道，就说明图林的理论是正确的。

2004 年，美国洛克菲勒大学的科学家莱斯莉·沃斯海尔（Leslie Vosshall）用这个办法检验了甲基苯基甲酮，发现人的鼻子没办法区分这两种分子的味道。但在2011年，图林领导的一个研究小组通过实验证明果蝇能够将两者区分开来。随后，图林又用人来做实验，发现沃斯海尔是对的，人鼻子确实分辨不出两者的区别，但图林改用麝香的主要成分——环十五烷酮做实验，却发现人鼻子能够很轻易地分辨出两者的不同味道。

图林将第二次实验结果写成论文，发表在2013年1月25日出版的《公共科学图书馆·综合》期刊上。图林认为环十五烷酮比甲基苯基甲酮含有更多的氢原子，这就等于放大了碳原子和氢原子之间的量子振动效应，导致人的鼻子终于能够分辨出两者的不同之处。

文章发表后在科学界引起了激烈的争论，不少人指出这类实验存在太多变数，不可信。因在嗅觉基因领域做出突出贡献而获得诺贝尔奖的哥伦比亚大学生理学家理查德·艾克赛尔（Richard Axel）认为，只有通过电子显微镜看到鼻腔受体在微观世界的工作状况，才有可能彻底解开这个谜。

那么，这件事和我们普通老百姓有什么关系呢？答案是：很有关系。如果图林的理论被证明是正确的，那就意味着生物学将进入量子时代，很多千年未解之谜很可能将被解开。除了动物嗅觉领域外，目前已知在光合作用和鸟类导航这两个领域也都具备较为明显的量子特征。其中光合作用很可能需要用到“叠加态原理”，也就是一个粒子可以同时出现在很多不同的地方。鸟类导航则很可能需要引入“量子纠缠”这个概念，即两个粒子无论彼此分开多远都能实时地感应到对方的状态。

叠加态原理、量子纠缠和隧道效应都是量子世界才有的“怪”现象，如果在宏观世界再现了，那就属于特异功能的范畴了。不过广大特异功能爱好者先别激动，首先，这个理论尚未被证实，有待进一步研究加以检验。其次，即使某种生物在某个领域用到了量子物理的某个原理，也不代表特异功能就是对的，两者还相差十万八千里呢。

但是，有人认为量子理论将很可能被用于新药的研发，因为药物和靶子（受体）之间的结合很可能具备量子特征。如果真是这样的话，我们有理由期待科学家有朝一日能够研制出“量子新药”，造福全人类。

（2013.4.1）

死而复生

复活已灭绝的动物有可能吗？答案并不乐观。

电影《侏罗纪公园》上映的时候，没人真的相信科学家们有能力让恐龙复活吧？2013 年 3 月初在美国华盛顿召开的一个科学大会上，来自澳大利亚的科学家向与会者报告了一个案例，他成功地培育出了一种青蛙的早期胚胎，而这种青蛙已经灭绝 30 年了。

其实类似的事情已经发生过一次了。2003 年，西班牙科学家曾经克隆过一只已经灭绝了的比利牛斯野山羊（Pyrenean ibex），可惜这只羊崽子只活了几分钟就因呼吸衰竭而死了。

克隆羊可比克隆青蛙难多了，但由于一些特殊的原因，在这个具体的案例里前者反而要简单些。原来，比利牛斯野山羊属于西班牙野山羊的四个亚种之一，2000 年世界上最后一只雌性比利牛斯野山羊死亡，当时科学家早已做好克隆的准备，所以其体细胞保存得非常完好。克隆的过程和多利羊非常相似，就是先取出比利牛斯野山羊的细胞核，导入一只去核的西班牙野山羊受精卵当中，然后在实验室条件下培育成胚胎，植入另一只西班牙母野山羊的子宫内。

因为有多利羊的成功经验，这套方法起码在理论上是可行的。即使如此，最后生出来的羊崽还是很快就死了，说明克隆动物是一件很复杂的事情，即使是亲缘关系很近的亚种也存在很多尚未搞清的生殖障碍。

那只青蛙就没有这么多便利条件了。这是一种澳大利亚独有的品种，名叫胃育蛙（Gastric Brooding Frog）。顾名思义，这种青蛙是在胃里抚育后代的。

胃育蛙是在1972年被发现的，当时并没有引起太多人的注意。两年之后一名澳大利亚科学家首次向公众描述了胃育蛙奇特的繁殖方式，立即引发了公众强烈的兴趣。雌性胃育蛙会将自己的受精卵吞进肚中，为此它必须停止进食，然后主动停止分泌胃液。受精卵在胃里孵化成小蝌蚪，并逐渐长大，此时雌蛙的肚子会胀得很大，甚至把它的肺都压瘪了，它只能改用皮肤来呼吸。这样坚持六周之后，蝌蚪变成了小青蛙，母蛙会将它们一个一个地吐出来，就好像是从嘴里分娩一样。

可惜的是，如此奇特的物种却没能存活下来。人类最后一次在野外看到活的胃育蛙是在1981年，最后一只人工饲养的胃育蛙也于1983年死亡。当时的克隆技术还很原始，科学家们没打算克隆它，只是在冰箱里保留了少量肌肉组织。

两年前，来自澳大利亚新南威尔士大学（University of New South Wales）的迈克尔·阿彻（Michael Archer）教授打算克隆胃育蛙，他想办法弄到了一点肌肉组织，却发现当初保存的时候连防冻剂都没有加，细胞的状态很差。但是，这些困难都没有吓倒他，他仍然决定放手一搏。

他采用的方法和多利羊非常相似，但是因为胃育蛙连亚种也没有，他只能选择一种和胃育蛙较为接近的远亲“大青蛙”（Barred Frog）作为卵子供体。经过多次试验，阿彻教授成功地让受精卵开始分裂，并发育成了胚胎。可惜胚胎在发育到原肠期（Gastrulation）之前就停止了，一直没能越过这个槛儿。阿彻教授倒是相当乐观，因为他试验过的其他克隆青蛙胚胎都遇到了同样的困难，说明这不是胃育蛙特有的问题。他找来一位干细胞专家和自己合作，希望能克服这个困难，最终让这个神奇的物种死而复生。

但是，也有很多科学家没有阿彻教授这么乐观。他们指出，克隆已灭绝的动物从技术上讲是相当困难的，总会出现各种意想不到的困难。比如当年那个比利牛斯野山羊，即使羊崽长大了也不行，因为科学家只有雌性细胞可供克隆，光靠雌山羊显然是没法复活一个物种的。要想解决这个问题，只有想办法将一条X染色体换成Y，而这个技术目前还未被科学家掌握。

退一步讲，即使胃育蛙最终成功地被复活了，是否意味着其他已灭绝的动物也有可能重见天日呢？答案更不乐观。

胃育蛙毕竟只灭绝了不到30年，尚有具备一定活性的体细胞存活于世。大多数野生动物已经灭绝了很多年，要想找到一个完整的、有活性的体细胞几乎是不可能的。要想克隆它们，只有重新组建一套完整的染色体，然后植入近亲的卵子才行，这个技术距离实现还很遥远。

还有人提出了一个替代方案，那就是先测出灭绝动物的DNA顺序，然后找到一个近亲物种，一个字母一个字母地将DNA替换成新的。这样做也许可以避免不同物种之间的生殖隔离障碍，但显然这个方法也非常复杂，距离实现也很遥远。

总之，从目前的情况来看，要想依靠克隆技术复活灭绝动物是不现实的，我们还是把精力放在动物保护上面吧。

（2013.4.22）

舌尖上的基因

一个人到底喜欢什么样的食品，和他的基因型大有关系。

世界上哪种食品最好吃？这个问题貌似是无解的，因为每个人的口味都不一样，很难达成共识。

再问一个问题：一个人对某种食品的喜好是天生的还是后天培养的？这个问题实际上是上一个问题的变体，假如一个人对食品的喜好是后天培养的，那么如果将来有一天世界大同了，所有人都能随意地吃到全世界所有种类的食品，第一个问题就有正确答案了。

可是，有越来越多的证据表明，人对食品的喜好并不完全是后天培养的，而是和他的基因型有很大的关系。更准确地说，不同人种“舌尖上的基因”是不同的，这才是不同地区有不同食品的一个重要原因。

这方面已经有很多案例了。最有名的例子是香菜，喜欢的人把香菜的味道描述成“清新的嫩芽味”，讨厌的人则认为香菜的味道和肥皂没有区别。2012 年，两位加拿大科学家统计了不同地区的人对香菜的好恶，发现讨厌香菜的人在不同人种之间的比例是有差别的，其中东亚人最高，有21% 的人讨厌香菜，拉丁裔和中东地区的人比例最低，分别只有 4% 和 3% 的人讨厌香菜。进一步研究发现，一个人对香菜的好恶和 11 号染色体上的一个基因位点有关，如果某人在这个位置上携带的是一个突变体，那么他肯定会讨厌香菜。

当然，香菜的味道太特殊了，只能算是一个特例。已知人的舌头可以辨别五种基本的味道，分别是苦甜咸酸鲜，对这五味的敏感程度决定了一个人对食物的口感到底是怎样的。研究表明，对这五种味道的感受分别由一组基因负责控制，其中科学家对苦味的控制基因研究得最为透彻，已经找到了一个名为 TAS2R38 的基因突变与此有关，携带该基因突变的人对苦味更加敏感。

为了彻底揭开人类对食品的偏好到底是如何形成的，意大利里雅斯特大学（University of Trieste）启动了一个“马可波罗计划”，打算沿着古丝绸之路，对至今仍然生活在那里的古老部落居民进行一次全面的调查。之所以选择古丝绸之路，是因为在这条路上生活着的人种异常复杂，文化多样性巨大，而且自从海上丝绸之路开通以来，这条路就被世人遗忘了，很多古代部落从此与世隔绝，很少和外界发生基因交流，特别适合用来研究基因和生活习性之间的关系。

该计划的负责人是里雅斯特大学遗传学系的教授保罗·加斯帕里尼（Paolo Gasparini），他和同事们已经找到了

1500 个志愿者，采集了他们的 DNA 样本，并通过问卷调查的形式收集了他们对不同食品色香味的偏好，甚至还包括对食品的声音和质感的偏爱。

通过对这批数据进行的初步研究，加斯帕里尼教授再次证明一个人对食物的喜好和基因关系密切。比如，一个人是否喜欢喝酒，尤其是伏特加和白葡萄酒，与一种名为 TAS1R2 的基因密切相关。

但是，这项研究最重要的发现是证明了一个人对食品的偏好不光和他对味道的敏感度有关，还和这种食品（包括色香味，以及其他各种性状）所刺激的神经回路有联系。换句话说，一个人也许对甜味很敏感，但他如果不喜欢甜味的话，还是不会喜欢甜食。但是，如果甜味能够直接刺激他神经中枢中的奖赏回路，让他产生愉悦的心情，那他就会对甜食毫无抵抗力。

“事实上，本次研究表明，决定一个人对食品偏好的基因当中只有一小部分和味觉有关。”加斯帕里尼教授对记者表示，“另有一部分基因和嗅觉有关，但大部分此类基因都是直接作用于神经回路的，负责调节一个人的高兴程度。”

这项研究有很大的实用价值。众所周知，一个人的健康状况和饮食习惯关系极大，但很多人意志力薄弱，没法控制自己对某些不健康食品的食欲，比如那些见了甜食就不要命的人。另有一些人则对某些味道过于敏感，比如有些人受不了苦味，像花椰菜这样的健康食品在他们嘴里如同毒药。如果能通过基因检测的方式事先知道这些人的弱点在哪里，就有可能针对他们的口味，制定出相应的菜谱，帮助他们战胜自己的口味偏见，健康而又快乐地活下去。

（2013.5.27）

暖气的代价

有研究称，烧暖气产生的空气污染导致中国北方居民比南方居民少活5.5年。

2013年7月8日出版的《美国国家科学院院报》刊登了一篇重量级文章，称中国的冬季供暖政策使得淮河以北的供暖地区空气污染程度比南部非供暖地区严重得多，直接导致北方居民的人均寿命比南方少了5.5年。这篇论文引起了广泛关注，中国环保部官员通过媒体公开发表意见，认为这个结论缺乏实证，有失偏颇，“没有大量样本得出这个结论，不可信”。

这个结论到底可信吗？让我们来仔细研究一下这篇论文的数据都是怎么得来的。

众所周知，环境污染对人体健康的影响很难量化，因为能够影响健康的因素太多了，作用时间也很长，几乎不可能在真实人群中进行一次完美的随机对照实验。就拿空气污染来说，因为空气和人都具有很强的流动性，科学家很难保证实验组和对照组常年都吸入不一样的空气，而在这段时间内其他生活条件完全一样。

中国的特殊国情，给了科学家们一线希望。因为特殊的原因，中国采取行政命令，同一条河的两岸使用不一样的取暖方式，加之户籍制度限制了人口的自由流动，确是几乎找不出第二个的理想实验地点。这就是为什么当这篇论文的主要作者、美国麻省理工学院经济系教授麦克·格林斯通（Michael Greenstone）知道了这个暖气政策后，简直不敢相信自己的耳朵："我一直试图回答一个问题，那就是空气污染到底会给一个人的一生带来怎样的危害。我找了十多年都没有找到能够回答这个问题的理想的实验地点，最后终于在中国找到了。"

因为中国这个"天然实验室"的条件太好了，格林斯通没有按照惯例将此项研究称为"流行病学调查"，而是大胆地称之为"准实验"（Quasi-experiment），意思是说，这项研究已经非常接近实验室条件下的随机对照实验了。

接下来，格林斯通教授和来自北京大学、清华大学和耶路撒冷希伯来大学的科学家们合作，用了五年多的时间收集数据，并进行统计分析。首先，研究人员选择了"总悬浮颗粒物"（Total Suspended Particulates，简称TSP）作为衡量空气污染程度的指标，一来这是中国环保局测量最多的指标，二来这种污染物不像PM2.5那样容易扩散，便于控制实验条件。

其次，研究人员从中国官方环保机构和世界银行等国际组织的数据库中找出了1981～2000年这个时间段内中国

90 座城市的每日大气 TSP 浓度数据，他们认为在 2000 年之前的官方数字可信度还是比较高的，因为那时空气质量问题不像现在这么敏感，而且有些数字还是从未公开发表过的，造假的可能性不大。统计结果显示，因为采暖方式的不同，导致淮河两岸的 TSP 浓度发生了跳跃性的变化，淮河以南的 TSP 平均浓度大约为 354 微克 / 立方米，淮河以北则骤升至 551.6 微克 / 立方米，北方比南方多出了 55%。相比之下，同期美国的 TSP 浓度全国标准为 75 微克 / 立方米，实际数值仅为 45 微克 / 立方米左右，几乎是中国平均值的 1/10。

再次，研究人员通过中国疾病监控系统（DSP）拿到了 1991 ～ 2000 年间的中国各个城市死亡数据，包括每个年龄段的死亡率、死亡原因、受教育程度、生前收入水平等。这些数据基本上不存在造假的动机，准确度更高。

最后，研究人员通过计算机对上述数据进行了统计分析，在排除了教育程度和吸烟与否等其他条件的影响后，发现人均寿命和 TSP 浓度直接相关，同等条件下北方人平均要比南方人少活 5.5 年。更有说服力的是，死亡率的上升几乎全都是由于心肺疾病发病率的提高而导致的，而且和局部地区的 TSP 浓度直接相关。

不过，这算不上什么新鲜事。此前已经有无数实验证明，TSP 浓度上升可以导致心血管系统和呼吸系统发病率增加，这篇论文的目的并不是要证明两者之间有关系，而是想把两者的关系定量化。也就是说，这篇论文得出的最重要的结论是：大气 TSP 浓度每提高 100 微克 / 立方米，当地居民的平均寿命就会降低 3 岁左右。这个数字把大家惊呆了，此前很多人都没有意识到，空气污染能有这么大的危害。

事实上，这还只是 TSP 污染而已。已有初步研究显示，PM2.5 的危害要比 TSP 大一倍！

这件事再次证明，统计数字的力量胜过千言万语。

那么，这个数字可靠吗？有人说，这项研究是几个经济学家做出来的，他们缺乏流行病学知识，所用的统计方法有待进一步检验。也有人说，这个研究所用的数据量太小，希望将来能有更加长期而全面的数据。这些指责都有一定的道理，期待中国的研究者们拿出更准确的数据来吧。

（2013.7.22）

从农村到城市

人类的发展并不都是一帆风顺的，有时也会走弯路，但我们不必过于惊慌，要相信人类改正错误的能力。

智人这个物种经过几十万年的进化，已经变得面目全非了。无论是身高长相还是身体素质，我们和祖先都有着巨大的差别。问题是，这些变化到底是好是坏呢？

纵观历史，对人类的健康状况影响最大的无疑是农业和工业的出现。在此之前我们的祖先只有两种人：猎人和采集者，前者负责猎杀野生动物以获取肉食，后者负责采集野果和可供食用的种子。农业的出现改变了人类的饮食方式，工业的出现改变了人类的工作方式，这两件事从根本上改变了人类的生活方式，直接导致了我们的身体发生了天翻地覆的变化。

就拿农业来说，几乎所有的历史学家都相信，农业为人类提供了相对可靠的食物来源，是人类发展史上的一次巨大的飞跃。确实，自从中东地区的先民们发现野生小麦是可以种植的之后，农业这个概念便以最快的速度传遍了整个地球，世界各地的人们都不约而同地立即拥抱了这个新发明。

如此吸引人的发明，一定会让我们的祖先变得更加健康结实吧？过去大家都是这么想的，但在1984年，美国埃默里大学（Emory University）的人类学家乔治·阿米拉格斯（George Armelagos）和马克·科恩（Mark Cohen）合写了一本书，《农业诞生之后的古病理学》（*Paleopathology at the Origins of Agriculture*），首次提出了一个惊世骇俗的观点，即农业的诞生反而使得人类的健康状况大幅下降。

这个观点是综合了此前二十多篇学术论文后得出的结论，在当时引起了很大争议。不过，后来又有多名考古学家对来自世界各地的人类遗骸进行了比较研究，证明两人提出的这个观点是正确的。阿米拉格斯将这些研究结果进行了系统的整合，写成一篇综述文章发表在2011年出版的《经济学与人类生物学》（*Economics and Human Biology*）杂志上。

这篇综述汇总了来自中国、东南亚、美洲大陆和欧洲等地的考古学数据，采用统一的标准对上述地区出土的遗骨进行了统计研究，发现所有地区的人类自从进入农业时代后，身高都矮了下来，健康状况也全都发生了恶化，几无例外。比如，农业诞生后人类的骨骼密度均发生了不同程度的下降，头盖骨出现凹坑的概率大大增加，说明患有贫血或者营养不良的人数猛增。另外，几乎所有进入农业社会的人群患传染病的概率都提高了。

“人类始终认为粮食生产才是最重要的，这才导致了农业的出现。”阿米拉格斯说，“但是人类却为农业的诞生付出了惨重的代价，因为农业使得人类食物来源单一化了，这个趋势甚至一直延续到了今天，如今人类所需卡路里有60%来自玉米、水稻和小麦这三种作物。”

具体来说，早期人类虽然只能靠野兽和野果充饥，但这些食物的营养成分均衡，属于高质量的食品。与之相反，早期农业往往只包含少数几种以淀粉类为主的农作物，虽然能饱，但营养价值低，反而容易患上营养不良症。另外，随着农业的诞生，出现了畜牧业，人类首次和动物亲密地生活在一起，导致了传染病的流行。猎手们虽然也要宰杀动物，但因为猎人的活动范围广，人口密度较低，传染病很难流行开来。

农业的另一个副作用就是让我们的祖先定居了下来，出现了村庄。食物的丰富导致人口爆炸，村庄演变为城市。纵观历史，城市一直是多数人渴望生活的地方，这就是为什么城市人口的比例一直在增加。但是，早期城市却是一个充满垃圾的肮脏之地，英国BBC电视台不久前播出了一套纪录片，名字就叫《肮脏的城市》。这部片子真实地再现了伦敦、巴黎和纽约早期的情况，那个时候大街上到处是人畜粪便，泰晤士河和塞纳河里漂浮着生活垃圾，暗黑色的河水散发出阵阵恶臭，甚至连凡尔赛宫里也堆满了仆人们随地留下的大小便。

肮脏的代价就是瘟疫，其中最严重的一次发生在14世纪，由老鼠传染的黑死病直接导致1/3以上的欧洲人死亡，其中仅在伦敦就有5万人病死，占当时伦敦总人口的一半以上。

但是，当瘟疫结束后，伦敦市政府制定了一系列新的法律约束市民行为，伦敦的面貌大为改观。巴黎和纽约也是如此，在经历了肮脏的过去后终于下决心改革，如今伦敦、巴黎和纽约是世界公认的三大最有魅力的城市，吸引了来自世界各地的居民前往定居。

同样，经过一万多年的发展，人类的饮食状况也大为改观。如今大部分受过教育的人都知道营养均衡的重要性，也都有能力做到饮食结构的多样化。其结果就是，在最近这一百年里，发达国家的居民身高一直在增长，发展中国家的居民也正在迎头赶上。

这两个案例告诉我们，不要害怕新生事物的出现，人类是有能力修正错误的。

（2013.8.5）

气候变化与暴力冲突

一项基于大数据的分析研究再次表明，气候变化很可能会使人类社会爆发更多的暴力冲突。

2013年夏天，中国大部分地区再次面临酷暑的挑战，南方很多地方的最高气温屡创纪录。与此同时，不少城市暴力事件频发，有网友戏称，这是因为持续的高温天气让人头脑发热所致。

这个解释听上去很有道理，但事实真的如此吗？这就需要用科学的方法认真研究一下了。

事实上，科学家们很早就注意到气候变化与暴力冲突之间的联系，并且已经写过不少这方面的论文。我曾经在2010年介绍过其中一篇影响较大的文章，作者是美国加州大学伯克利分校农业与资源经济系的马歇尔·伯克（Marshall Burke）教授，他研究了自1960年以来非洲爆发的所有大规模武装冲突，并且和气象台记录的当地平均温度作对比，发现气温和内战频率密切相关，气温每升高1℃，发生内战的可能性就增加49%。即使抛开人口增加和政治因素，这一趋势仍然成立。

这项研究的起因是达富尔战争。有数据显示，因为人类活动导致的气候变化使得这一地区的平均降雨量在短短40年时间里减少了30%，加剧了该地区的沙漠化，农业因此大面积歉收，个别地区的粮食产量甚至减少了70%。这一变化迫使当地居民发生大规模迁徙，从而引发了和原住地居民之间的武装冲突。由于这一原因，联合国将达富尔战争称为“人类历史上首场气候变化战争”。

接下来的问题是，上述结论能否扩展到其他地区呢？伯克教授决定借助最新的大数据分析方法，对来自全世界相关领域的所有论文进行一次大规模统计分析。他和另外两名来自伯克利大学和普林斯顿大学的经济学家合作，检索出所有与此相关的论文，从中选出了60篇数据分析做得比较规范的文章，用计算机对这批海量数据进行了统一的Meta分析，发现上述规律在全世界都适用。

具体来说，研究者将人类之间的恶性冲突分成三类。第一类是大规模武装冲突，包括内战、部落战争和种族战争等。第二类是个人犯罪，包括谋杀、抢劫、强奸和家暴等。第三类比较罕见，整个社会系统因为某种原因发生了崩溃，包括领导人下台、政权更替甚至整个文明消亡。数据分析显示，这三类恶性冲突都和气候变化有关，尤以第一类冲突和气候变化之间的关系最为显著。

研究者还对两者之间的关系进行了量化分析。结果显示，当平均气温变得更热，或者降水量变得更加极端时，每发生一个标准差的改变，都会使个人犯罪行为的发生率提高4%，群体冲突的发生率提高14%。按照这个速率，如果目前的温室气体排放不加控制的话，到21世纪中期时地球平均气温将上升2℃，人类社会的暴力冲突发生率将比现在增加50%。

值得一提的是，这篇论文的结果是有争议的。就像前段时间的那个关于中国供暖政策导致南北方人均寿命差异的论文一样，这项研究是由几个经济学家做出来的。经济学家最擅长分析数据，从中寻找潜在规律，却不擅长对因果关系做出科学的解释。比如，这篇论文的作者们猜测，气候变化很可能从两个完全不同的方面导致了暴力冲突的增加。第一，气候变化导致极端天气，比如干旱和洪涝等，从而引发粮食减产，加剧群体性暴力行为。第二，高温使得人的心理产生变化，从而导致个人犯罪。但是，这篇论文所使用的方法是分不清这两者的差别的，而这两个原因本质上完全不同，解决的方式也很不一样，如果不能区分出两者的差别，这项研究的意义就将大打折扣。

另外，经济学家进行这类研究属于跨界行为，往往会在不知不觉中犯一些专业上的错误。比如，有人指出这篇论文的作者研究的都是一些小时间尺度下发生的突发性气候变化事件，而目前正在发生的是缓慢而持久的全球气候变化，两者的内涵是很不一样的。因为自工业革命以来地球平均气温持续走高，如果按照作者的结论进行推算的话，人类社会的暴力冲突应该越来越多才对，可实际上起码在最近这几十年里，地球上发生的武装冲突的次数却是越来越少的，因为人类在其他方面的进步压过了气候变化的负面影响。

当然了，这并不是说这篇论文就是错的。经济学家们确确实实地通过大数据分析的方式发现了气候变化和暴力冲突之间的关联，接下来就要看其他领域的科学家们如何跟进，在此基础上做进一步的分析，找出真正的原因所在。

（2013.8.12）

互联网时代的羊群效应

一项基于社交网站的随机对照试验表明，
网友的判断很容易受到其他网友的影响。

小王在下班路上看到一家新开的餐厅，犹豫着要不要带新交的女友来这里吃饭，于是他登录饭统网，打开该餐厅的链接，发现网友们评价甚高，便决定去吃一次，没想到这家饭馆质量很一般，价格也不便宜，两人吃得很不爽。小王纳闷，难道网上的评价都是商家买来的？

这样的事情大家想必都经历过吧？网络上确实存在商家花钱买评论的现象，这是毋庸置疑的。为了尽量减少这种情况，不少网站都做出了相应的规定，并修改了设置。事实上，对于一些较为正规、人气很旺的网站来说，商家的力量是有限的，大多数评论都是真实网友上传的。问题在于，真实网友就一定可靠吗？他们有没有可能受到其他人的影响？

心理学领域有个术语叫做“羊群效应”（Herd Effect），专门用来形容人类的这种从众心理。放过羊的人都知道，羊群有个习性，那就是跟着头羊走，无论前面那个大坑有多宽，只要有一头羊率先跳过去了，后面的羊便会跟着它往前跳。羊群效应一直是心理学研究的热点之一，社交网站的出现提供了一个绝佳的试验场，研究者们可以通过大数据的研究方法排除个案的影响。

众所周知，在心理学领域单独研究某件个案是不科学的。就拿羊群效应来说，不可能把网民对某件产品的评价单独拿出来研究，因为这件产品有可能确实质量很好。为了避免这个问题，美国麻省理工学院附属的斯隆商学院（Sloan Business School）的希南·阿拉尔（Sinan Aral）博士和他的同事们决定借鉴自然科学的研究方法，进行一次大规模随机对照实验。他们和一家社交网站合作，花了五个多月的时间对这家网站所有的网友评论做了一次实验，并将实验结果发表在2013年8月9日出版的《科学》杂志上。

这是一家综合性社交网站，先由网友上传文章，再由其他网友做出评论。评论的内容是可以打分的，要么点赞（大拇指朝上），要么给差评（大拇指朝下）。点赞的数量减去差评的数量就是每段评论的最终得分。研究人员和站方达成协议，事先为这五个月当中出现的101281篇评论进行打分。也就是说，每出现一篇评论，都立即由机器自动生成一个网友评论。当然了，到底是点赞还是差评则是随机决定的，和帖子的内容无关。另外还有一定数量的评论不事先打分，作为对照组。

值得一提的是，随机出现的点赞和差评的总数并不是一样的，因为在通常情况下，这家网站点赞的数量比差评要多。于是研究人员根据以往的情况，设定了随机点赞和差评的比例。从这个细节可以看出，研究人员对于实验材料的选取是非常细心的，尽量做到不影响网友的直观感觉。

结果显示，社交网站上的羊群效应还是相当明显的。研究人员一共收集到308515次网友打分，发现事先被点赞的评论最终得正分的可能性比对照组高出32%，最终的得分也比平均值高了25%。相比之下，事先被点差评的评论则不受影响，和对照组没有区别。

“一条负面评价的后面往往会有很多人试图去修正这个结果，最终导致负面评价对一条评论的总得分没有影响。”阿拉尔博士评价说，“正面评价则没有这种情况，说明人们对于不符合自己意见的正面评价和负面评价的态度是不一样的，对于前者比较宽容。”

牛津大学互联网学院（Oxford Internet Institute）的伯尔尼·霍根（Bernie Hogan）教授认同这一判断，他认为正面评价往往是一种广告，做出正面评价的人是想让更多的网友喜欢某件东西，而负面评价则是一种个人化的情绪发泄，这就是一般社交网站点赞比差评多的原因所在。

另外，评论的内容对于实验结果也有影响。文化、社会、政治和商业类的新闻评论容易受到羊群效应的影响，普通新闻和经济新闻则影响较小，这大概是因为前者比较主观，受个人观点影响大，容易走极端，而后者属于事实类新闻，比前者要客观得多，不太受个人因素的影响。

阿拉尔之所以要做这项研究，本意并不是想诋毁社交网站，或者唱衰群体智慧。相反，他一直坚信互联网是一项伟大的发明，对于打破信息垄断是很有帮助的。但这项研究的结果说明，群体智慧是有缺陷的，基于公众意见所做的决定很可能需要修正。比如，他认为社交网站应该重新进行设计，使得网友在做出评价之前看不到其他网友的意见，只有这样才能防止羊群效应对于评价结果的影响，避免做出错误的决定。

（2013.8.19）

美洲人的起源新解

旧理论认为，美洲原住民是东亚人的后代，但是新的DNA证据显示，欧洲人很可能对此亦有贡献。

近日，复旦大学历史学和人类学联合课题组发布了关于曹操家族DNA研究的最新成果，引起了广泛的关注。有人认为这是科学家们拿着科研经费当儿戏，或者功利性地为了帮人“认祖归宗”，但实际上这个方法在历史学研究中已经相当普遍了，DNA序列分析法早已代替了考古学，成为研究人类迁徙史的最佳工具。

不过，过去常用的方法是通过分析活着的当代人的DNA序列倒推古人的情况，但现代人的DNA序列已经在历史的长河中被改写过很多次了，准确性存在很大争议。这次复旦大学采用了最新的方法，即通过直接分析古人留下的DNA来判断当时的情况，可靠性提升了好几个数量级。显然，这个方法的关键在于如何获取古人的DNA。大多数古人遗骸中的DNA都已经被细菌彻底分解了，没法分析，这就是为什么此法的应用范围极为有限，基本上全凭运气。

要想长时间保存DNA，最可靠的办法就是低温，于是西伯利亚就成了此类研究的热点地区。丹麦哥本哈根大学人类遗传学家艾斯克·威勒斯列夫（Eske Willerslev）博士听说俄罗斯的圣彼得堡博物馆里存有一批挖掘自西伯利亚地区的人类骸骨，便于2009年专程去圣彼得堡走了一趟，拿到了一小块骸骨样本。这块样本来自西伯利亚中东部地区一个名叫玛尔塔的小村庄，俄罗斯考古学家于1920年代在村子旁边找到了一处古代墓穴，从里面挖出了一具孩童的遗骨，以及很多陪葬的装饰品。因为不知道孩子的性别，这具骸骨一直被称为“玛尔塔小孩”（The Mal'ta Child）。

威勒斯列夫博士是研究古人类DNA的专家，他从这具保存完好的遗骸的右上臂骨中获得了高质量的DNA样本，测出了小孩的线粒体DNA序列。分析结果令他大吃一惊，这段DNA居然带有明显的欧洲人标记，但却找不到任何东亚人的特点。现有理论认为，这一地区生活的古人类是东亚人的祖先，威勒斯列夫博士怀疑自己的实验出了毛病，也许是样本被污染了，便将这一研究计划搁置了起来。

几年后，DNA测序技术又有了很大提高，于是威勒斯列夫博士又想起了这块骸骨，便重新组建了一个国际团队，着手测量“玛尔塔小孩”的DNA序列。这一次他的野心更大，要测出小孩的全部基因组序列。如果成功的话，这个小孩将是迄今为止测出基因组全序列的最早的现代人。

威勒斯列夫博士成功了。同位素测验表明这个孩子生活在距今2.4万年前，DNA分析结果显示他是个男孩，死时只有4岁。研究人员从他的Y染色体上发现了明显的欧洲人遗传标记，和线粒体的结果完全吻合。不但如此，其余染色体上的DNA序列也都更加符合欧洲人的特点，却完全没有找到任何东亚人特有的遗传标记。换句话说，他不是现代东亚人的祖先。

但是，奇怪的事情还在后面。分析显示，他的基因组序列和美洲人非常相似，带有大量只有美洲原住民才有的遗传特征。这个结果让研究人员大吃一惊，因为它和现有的人类学理论完全不同。

已有的考古学证据表明，美洲原住民的祖先很可能是在1.5万年以前跨过白令海峡到达美洲大陆的。当时地球正处于冰期，海平面下降导致白令海峡出现了一个路桥，为迁徙的古人类提供了一条临时通道。此后地球回暖，海平面上升，路桥被淹没，亚洲和美洲又被分开了，直到哥伦布发现美洲大陆才又重新联系上。

但是，此前有几处考古学证据与这个理论不相符。比如，美国华盛顿州曾经挖掘出一个人的头盖骨，具备欧洲人的特征。于是，有人曾经提出过一个新的理论，认为南美洲原住民是欧洲和东亚人混血的结果，但该理论认为欧洲人是跨过大西洋，从东边进入美洲大陆的。

威勒斯列夫博士的研究结果为这个新理论提供了一枚重磅炸弹。DNA分析的结果显示，“玛尔塔小孩”所属的这个族群虽然来自欧洲，但却为美洲原住民贡献了14%～38%

的基因组，其余的美洲人基因组虽然来自东亚，但和现在已有的几个东亚人族群又不完全一样。威勒斯列夫博士认为最可能的解释就是这个“玛尔塔小孩”所属的部落最早是从欧洲迁徙而来，并在西伯利亚遇到了另一支来自东亚的族群，两者发生了大量基因交流，从而融合在一起。最终这支新的人类族群在1.5万年前跨过了白令海峡，他们才是美洲原住民的真正祖先。

这篇论文发表在2013年11月20日出版的《自然》杂志上。

（2013.12.9）

转基因鱼油

奥米茄 –3 脂肪酸是个好东西，但大自然所能提供的总量有限，必须另想办法。

鱼油被认为是一种对健康有益的食品，原因在于里面富含奥米茄 –3 脂肪酸。这是一类不饱和脂肪酸的统称，其中最有益的是两种，分别简称为 EPA 和 DHA，前者对于血液循环系统有好处，可以降低心脏病的发病率，后者则对神经系统的健康发育至关重要，这就是为什么世界卫生组织（WHO）推荐每人每天至少需要吃进去 400 ～ 1000 毫克的奥米茄 –3 脂肪酸。问题在于，目前的生产水平只能保证全世界一半人口的需求，剩下的一半就没有办法了。

为什么会是这样呢？这就要从奥米茄 –3 脂肪酸的代谢途径说起。

首先，人体无法直接合成奥米茄 –3 脂肪酸，虽然可以把植物油或者坚果中含有的亚麻酸（ALA）转化成 EPA 或者 DHA，但转化效率很低，无法满足人体自身的需要，这就是为什么奥米茄 –3 被称为人体必需脂肪酸，基本上只能从食物中获取。

其次，鱼类是自然界中唯一含有大量奥米茄 –3 脂肪酸的食物，这就是吃鱼有益健康的原因。但是鱼类本身也不会合成奥米茄 –3 脂肪酸，它们是靠吃海藻获得这种宝贵脂肪酸的。事实上直接吃海藻的小鱼体内的奥米茄 –3 脂肪酸含量也不高，但这种脂肪酸会随着食物链的上升而被富集，所以自然界含有这种脂肪酸最多的食物是深海肉食鱼类，比如三文鱼、鲱鱼和沙丁鱼等。但是，随着食物链的上升而富集的不仅仅是奥米茄 –3 脂肪酸，还有汞、二噁英和多氯联苯（PCBs）等有害物质，所以深海鱼类不宜吃得太多，这就是为什么深海鱼油成为一种非常畅销的膳食补充剂。正规厂家生产的深海鱼油只是把奥米茄 –3 提取了出来，有害物质则被去掉了，所以效果比直接吃鱼肉要好。

那么，有没有办法在工厂里生产奥米茄 –3 脂肪酸呢？答案是肯定的，但太贵了，消费者吃不起。最好的方法是让某种高产的农作物自己合成，但这就需要用到转基因技术了。美国孟山都公司把奥米茄 –3 合成酶基因转入了大豆当中，研制成功一种富含这种宝贵脂肪酸的大豆。用这种大豆榨出来的油所含的奥米茄 –3 脂肪酸几乎和鱼油一样，但却比鱼油廉价多了。可惜的是，由于来自民间的反转运动声势太过浩大，这种大豆一直没能进入市场。

为了绕过这个政治障碍，来自英国洛桑研究所的植物学家乔纳森·纳皮尔（Johnathan Napier）博士及其同事成功地把奥米茄 –3 合成酶基因转入了一种荠蓝（Camelina）的基因组当中，把这种植物变成了奥米茄 -3 的生物工厂。这种荠蓝是一种高产的油料作物，很适合用来生产鱼饲料。目前全世界每年从捕捞上来的海鱼下脚料当中能够提取出大约 100 万吨奥米茄 -3 脂肪酸，其中只有大约 1/10 被做成了深海鱼油丸，其余的都被当作添加剂混入了鱼饲料当中。由于世界人口飞速上涨，对鱼的需求越来越大，鱼饲料越来越不够用了。但是如果我们能从这种植物中提取奥米茄 -3 脂肪酸的话，不但会极大地减轻海洋的负担，而且还能扩大奥米茄 -3 的来源，让更多的人能够吃到这种有益的脂肪酸。

纳皮尔博士把这项成果写成论文，发表在 2013 年 12 月 6 日出版的《植物学杂志》(*The Plant Journal*) 上。据纳皮尔估计，如果一切顺利的话，这种转基因油料作物将会在十年内实现商品化。

(2014.2.3)

牛奶阴谋论

一个声称自己要为民请命的科学家，其实在偷偷地卖自己的产品。

“已经有超过100项科学研究证明，我们喝的牛奶当中含有一种有害的蛋白质，能够增加Ⅰ型糖尿病、心脏病和自闭症等多种疾病的风险。”

说这话的人是新西兰林肯大学农业经济管理系教授吉斯·伍德福德（Keith Woodford），他于2007年出版了一本名为《牛奶中的恶魔》（*Devil in the Milk*）的畅销书，指出西方国家出售的牛奶中含有A1型β-酪蛋白，是导致多种慢性病的罪魁祸首。

此事要从1993年开始讲起。那一年，新西兰奥克兰大学儿童医学系教授鲍勃·伊利亚特（Bob Elliott）发表了一篇论文，声称在新西兰生活的萨摩亚人当中Ⅰ型糖尿病的患病率出奇得高，原因就在于他们喝了新西兰的A1型牛奶。他还调查了二十多个国家的相关数据，发现了同样的情况。

具体来说，我们喝的牛奶当中大约有1/3的蛋白质是β-酪蛋白，这种蛋白质可以分成A1和A2两种类型，差别就在于第67位的氨基酸是不同的，A1型这个位置上是组氨酸，A2型则是脯氨酸。人乳和羊奶都是A2型β-酪蛋白，牛奶原来也不例外。但伊利亚特认为，大约在5000年前，欧洲奶牛发生了基因突变，变成了A1型。这种类型的奶牛出奶率高，所以逐渐代替了A2型，成为欧洲奶牛的主流品种。相比之下，亚洲和非洲的奶牛则仍然是A2型的。

伊利亚特教授的这篇论文发表后遭到了科学共同体的质疑，大家认为该文提出的相关性不能简单地转化为因果关系，移民新西兰的萨摩亚人之所以更容易患糖尿病，很可能与他们的生活方式发生了改变有关。有几位科学家按照这一思路统计了更多国家的相关数据，发现两者的因果关系消失了，说明这个理论禁不起推敲。

为了证明自己提出的假说，伊利亚特教授用小鼠做了喂养对照实验，得出结论说A1型牛奶可以导致小鼠患上糖尿病。但是这篇论文仍然没有引起人们的重视，因为这两种蛋白质的差别实在是太小了，而大部分蛋白质一旦被人吃下后都会立即被蛋白酶分解成单个的氨基酸，此时到底是组氨酸还是脯氨酸是没有差别的。

于是，尽管伊利亚特教授一再呼吁西方国家将A1型奶牛淘汰掉，换成A2型奶牛，但各国的卫生部门都没有理他。

《牛奶中的恶魔》出版后，此事再次被炒热，伊利亚特教授被塑造成了一个为民请命的斗士，一个勇于捍卫真理、敢于反抗权威的堂吉诃德式的英雄人物，可惜被牛奶厂商把持的主流科学界打压，不准发声。伍德福德还声称，有越来越多的科学家开始重视此事，并且找到了 A1 型牛奶致病的原因。他们相信，一个氨基酸的差别使得 A1 型 β–酪蛋白可以被分解成 β–酪啡肽（BCM7），这是一个由 7 个氨基酸组成的短肽链，可以直接被小肠吸收而进入血液，产生一系列副作用。A2 型 β–酪蛋白则不会产生 β–酪啡肽，所以是安全的。

那么，事实究竟是怎样的呢？很多读者不知道的是，早在 2000 年，伊利亚特教授的一个合作者就和一名新西兰富翁合作，成立了“A2 公司”（A2 Corporation），开始销售 A2 型牛奶。他们还生产了一种 A1/A2 分析仪，帮助厂家鉴定奶牛的基因型。大多数支持 A1 牛奶有害的研究都是由这家公司赞助的，他们还多次组织人马撰写文章，要求牛奶公司对产品进行标识，好让消费者有选择权。

2004 年，A2 公司在新西兰上市，但因为虚假宣传，被奥克兰卫生部门罚款 1.5 万美元。

显然，事情发展到这个阶段，必须由政府出面摆平。2009 年，欧洲食品安全局（EFSA）委托第三方研究机构进行研究，得出的结论是，A1 牛奶有害论没有足够的证据支持，不予立案。

（2014.3.24）

转基因蚊子

科学家研制成功一种转基因蚊子，用来对付疟疾和登革热等致命传染病。

世界杯把来自全世界的球迷和大批媒体记者吸引到了巴西，英国《卫报》召集了几个资深球记谈感受，大家一致认为巴西什么都好，就是蚊子太多，受不了。

蚊子不但会咬人，还能传播疾病，比如每年导致全球5000万人感染的登革热就是依靠蚊子传播的。巴西是登革热的重灾区，在巴西北方热带地区很难通过减少积水来防蚊子，只能用蚊帐，或者喷洒灭蚊剂来控制疫情，效果都不太好，于是巴西政府使出杀手锏，于2014年4月10日批准了一种转基因蚊子，使得巴西成为全球第一个批准向环境释放转基因昆虫的国家。这种蚊子是由一家名为Oxitec的英国公司研制出来的，转了基因的雄蚊子产生的精子有遗传缺陷，导致其生下的后代没办法正常发育，最终绝大部分都夭折在幼虫阶段，无法变成蚊子咬人。

当然，巴西政府并不是一时心血来潮，这项计划经过了严格的野外测试，证明确实有效，比如在巴西登革热重灾区雅克比安（Jacobina）进行的野外试验已经使该城2014年的登革热蚊子的种群数量下降了79%。

不过这个方法有个先天缺陷，那就是必须不断地向自然界补充新鲜的转基因雄蚊子，原因在于转了这个基因的雄蚊子几乎没有后代，转入的新基因遗传不下去，一旦停止人工补充，蚊子的种群数量就会缓慢恢复。转基因蚊子的培育是很花钱的，这就意味着这个方法很难大面积推广。

为了解决这个问题，英国伦敦帝国学院的科学家改良了这个技术，培育成功一种新的转基因蚊子。这种蚊子被转入了一种来自黏菌的基因，它编码的蛋白质专门破坏精子生成过程中的X染色体，所以这种雄蚊子的后代性别比例发生了改变，95%以上都是雄性的。

“这么做有两个好处，一来雄蚊子不咬人，所以转基因蚊子释放后的第二年就可以见到成效；二来转入的基因可以遗传给大约一半的后代，不会消失，所以只要向环境中释放一次，理论上就可以使这种蚊子最终彻底灭绝。”这项研究的负责人安德莉亚·克里桑提（Andrea Crisanti）博士介绍说，“另外我们还转入了多个拷贝，使得蚊子对这个基因出现抗性的可能性变得非常小。”

这个思路不新鲜，早在60年前就由著名的英国进化生物学家比尔·汉密尔顿（Bill Hamilton）首先提出来了。当年他正是在伦敦帝国学院举办的一次演讲会上提出这一设想的，他通过数学计算证明这个方法可以让某个物种灭绝，只要有足够的时间就行。但因为基因技术本身的限制，这个设想一直无法付诸实践，直到2014年才终于获得了成功。

为了证明此法可靠，克里桑提和同事们在四个箱子里各引入了100只雌雄各半的蚊子，模拟自然的状态。然后在每个箱子里引入30只转基因雄蚊子，四代之后箱子里的雌蚊子数量便大幅度减少，又过了2～3代之后，其中的三只箱子里便找不到一只雌蚊子了，这就意味着这个封闭种群已经被彻底消灭了。

克里桑提博士将实验结果写成论文，发表在2014年6月10日出版的《自然——通讯》期刊上，在全球范围内引起了不小的轰动。反对者认为这件事相当于人类主动地灭绝一种生物，太不人道了。

确实，虽然人类无意之中让很多生物走向灭亡，但真正主动消灭的只有两个物种：天花和牛瘟。这两个物种都是致命的病毒，所以没有太多争议。但蚊子毕竟是一种昆虫，反对的声音恐怕会很大。不过，一位和此项实验无关的生物学家卢克·阿尔菲（Luke Alphey）认为这件事不值得大惊小怪。“无论从哪个角度来看，蚊子都不是生态系统中的主要角色。”阿尔菲说，“更重要的是，这个转基因实验的对象是冈比亚按蚊（Aedes aegypti），只有这种蚊子才会传播疟疾，另外三千多种蚊子都不会灭绝。”

疟疾每年都会导致超过100万名儿童死亡，绝大部分在非洲。转基因技术只杀死了一种蚊子，却能挽救成千上万名儿童的生命，这才是真正的人道主义。

（2014.7.14）

病菌的另一面

病菌的出现是有原因的，某些看似凶恶的病菌曾经是人类的大恩人。

人类看似是细菌的宿主，但人体内生活的细菌总数是人体细胞的十倍以上，从某种角度来说，它们才是主角。

既然如此，细菌们应该和人体共存亡才对，两者应该是互惠互利的共生关系。但在一般人心目中，细菌能让人生病，所以被称为病菌，比如能够导致肺结核的结核杆菌，以及能够导致胃溃疡的幽门螺杆菌等都是如此。

问题是，这两种细菌为什么要杀死宿主呢？新的研究显示，它们的本意也许并非如此，甚至有可能是人类的大恩人。

故事要从几十万年前说起。那时我们的祖先刚从树上下来，开始直立行走，食物构成也从植物逐渐转向动物。肉类不但含有丰富的蛋白质，还能提供各种人体必需的维生素，尤其是植物性食物当中很少见的B族维生素，在人类大脑进化的过程中起到了非常关键的作用。人类脑容量之所以变得如此巨大，和我们的祖先开始大量吃肉有着直接的关系。

大约在1万年前，人类进入农耕时代，改以谷物为食，肉类的摄取量大为减少，但是人类的大脑并没有因此而萎缩，原因就在于有一大批能够分泌B族维生素的细菌进驻到人类的肠道当中，和人类建立了互助互补的共生关系。迄今为止科学家们已经在人肠道中找到了几乎所有B族维生素的分泌者，独缺B_3。这种维生素又名烟酰胺，是神经发育过程中非常重要的一种化学物质。缺乏B_3的人会得糙皮病，这是一种典型的穷病，常见于因为贫困而吃不起肉的穷人群体当中。得了糙皮病的人不但皮肤会因为发炎而出现红斑，其神经系统发育也会受到影响，人会变得越来越笨，学习能力逐渐丧失，直至变成痴呆。

既然维生素B_3如此重要，肠道菌群中又找不到能够分泌B_3的细菌，人类是如何补充这种维生素的呢？有人灵机一动，想到了结核杆菌，这种寄生于人体呼吸道的细菌能够分泌B_3，这一点甚至曾经是医生们用于诊断肺结核的病理指标。

难道说，人类为了得到维生素B_3，竟然不惜付出得肺结核的代价？答案并不像你想的那样不可思议。

首先，结核杆菌不会让所有携带者都发病。事实上，如今有90%的结核杆菌携带者都没有症状，完全是正常人。其次，只有那些体内缺乏B_3的人才容易患肺结核，而这通常意味着吃不起肉的穷人，这就是为什么肺结核常见于那些营养不良的穷人群体当中，富人很少得这个病。再次，人类免疫系统对付结核杆菌的方式也很奇怪，似乎有意不杀死它们，只是控制它们的活动。当人体缺乏维生素 B_3 时，免疫系统就会暂时放松管制，纵容结核杆菌开始繁殖，反之亦然。

幽门螺杆菌的故事也很类似。这种细菌是导致胃溃疡的罪魁祸首，一直被划归到了“病菌”的范畴里。但新的研究显示，这种细菌能够分泌叶酸，这也是一种人体必需的维生素，通常存在于蔬菜当中。如果孕妇体内缺乏叶酸，容易生出畸形儿。

有趣的是，上述两种细菌开始在人类群体当中扩散的时间也和它们的功能相对应。结核杆菌出现于 7000 ～ 10000 年前，正是农耕时代的开始。幽门螺杆菌则发生于人类走出非洲进入欧亚大陆的时期，由于北半球寒冷的气候导致蔬菜减少，人类饮食中的叶酸含量不足，幽门螺杆菌正好可以派上用场。

必须指出，上述这两个案例都是早期进化过程中发生的事件，随着人类科技水平的不断提高，无论是叶酸还是 B 族维生素都可以很容易地通过添加剂补充，不需要细菌的帮忙了。

（2014.8.4）

电子烟的迷雾

围绕着电子烟的争论已到了白热化阶段，
双方谁也说服不了谁。

最近身边抽电子烟的人越来越多了。他们的理由有两个，一是认为电子烟比普通香烟健康，二是相信电子烟可以帮助他们戒烟。不过这两条都有争议，迄今为止尚无定论。2014 年 8 月 26 日出版的《自然》杂志刊登了一篇综述，梳理了这场争论的要点。

电子烟其实就是一个雾化器，里面装着尼古丁溶液，原则上不含焦油等其他有害物质。这玩意最早是深圳的“如烟”公司发明的，但现在已经有很多国际烟草公司涉足这一领域。据统计，最近这两年平均每个月都有将近十个新的品牌上市销售，花样也日渐丰富，有的会在前端装一个红色小灯泡，尽可能模拟吸烟的感觉。还有的加入了各种香精，使用者可以经常变换口味。甚至还出现了自带控制软件的电子烟，使用者可以精确地调节尼古丁的释放量。

电子烟的出现在国际控烟组织内部引发了激烈的争论，甚至有可能导致这个向来稳固的联盟发生分裂。电子烟的支持派和反对派都试图利用科学为自己的主张辩护，但这个领域缺乏高质量的研究，无论哪一方都拿不出像样的论文支持自己的立场。

比如，支持派认为电子烟只含有尼古丁，比香烟更安全。但反对派认为尼古丁本身也是有毒的，已经出现了因为皮肤上沾了液体尼古丁而中毒的案例。另外，电子烟中通常会加入帮助尼古丁雾化的丙二醇，已有证据显示丙二醇会让某些人的呼吸系统产生不适。另外，如今市场上绝大部分电子烟都是深圳的工厂代工生产的，反对派认为这些产品的质量控制不够严格，往往含有尼古丁之外的有害杂质。2014年4月出版的《肿瘤临床研究》(*Clinical Cancer Research*)杂志刊登了一篇论文称，体外培养的呼吸道上皮细胞暴露在电子烟雾中一段时间之后发生了基因突变，其突变模式和普通香烟非常相似。

再比如，支持派认为电子烟可以帮助吸烟者戒烟。2013年在新西兰做的一项研究显示，电子烟和戒烟贴一样有效。但该论文发表后广受质疑，反对派指责这项研究不够严谨，收集数据的方法有问题。与此同时，加州大学旧金山分校的研究人员利用互联网收集了949名吸烟者的吸烟史，发现电子烟对于戒烟没有帮助。同样，支持派指责这篇论文也存在问题，因为通常只有那些重度成瘾者才会考虑使用电子烟来戒烟，所以他们戒烟失败是很正常的。

反对派担心那些花花绿绿的电子烟会成为青少年开始吸

烟的诱因。美国疾病控制与预防中心（CDC）在 2012 年进行的一项全国普查显示，美国有 178 万青少年使用电子烟，其中将近 10% 的人在此之前从来没有抽过普通香烟。但支持派认为青少年历来就是一个喜欢尝试新鲜事物的群体，这个比例是很正常的，和电子烟无关。

因为双方争论不休，各国政府也莫衷一是。目前只有新加坡和巴西等极少数国家禁止了电子烟，美国和欧盟都没有下结论，甚至连相关的立法都尚未完备，处于无法可依的状态。世界卫生组织（WHO）于 2014 年 8 月 26 日发表了一份报告，建议像对待香烟那样禁止室内使用电子烟，并严禁烟草公司生产含有特殊口味的电子烟，防止青少年受其诱惑。WHO 还计划在 2014 年 10 月召开一次关于电子烟的研讨会，进一步明确立场。

事实上，反对派最担心的还不是科学问题，而是形象问题。控烟联盟花费了几十年的努力试图将吸烟变成一种令人羞耻的行为，这个努力起码在一些发达国家已经见到了成效。反对派担心电子烟的出现会让这一成果付之东流，让吸烟这个行为重新被社会认可，香烟制品重新被当作一种“文明”的商品而被主流社会接纳。

（2014.9.22）

为农作物接种

一种新的生物技术能够利用植物自身的免疫系统来对付害虫，这就相当于为农作物接种。

1990 年，美国一家生物技术公司打算培育出颜色更深的牵牛花。负责这一项目的科学家想当然地把一个和色素合成有关的基因多拷贝了一份，他认为两个基因一定比一个基因更厉害，谁知多了一个拷贝的牵牛花颜色不但没有变得更紫，反而变淡了，有 42% 的牵牛花甚至完全变成了白色，这是怎么回事呢？

原来，多出来的这个基因拷贝结构有些特殊，在植物体内形成了一小段双链 RNA，没想到这小段双链 RNA 触发了植物的免疫反应，顺便把所有和它序列相似的基因，也就是植物原有的那个色素合成基因给灭掉了。

接下来一个很自然的问题就是，双链 RNA 为什么会触发植物的免疫反应呢？这个问题不难理解，因为植物本身几乎不产生双链 RNA，这是病毒特有的一种形态。经过多年的进化，植物意识到一旦体内出现双链 RNA，就意味着敌人进来了。于是便立即启动了免疫反应，和来犯之敌作战。

这场战争的过程也很有意思，植物并不需要专门派出大批部队去对付来犯之敌，而是先把一小部分敌人分解成小段RNA，再用这小段RNA作为武器，去消灭所有和它自己顺序一致的RNA。这个过程类似于把敌人身上穿的军服剪下一小块，后面绑把匕首再放出去，这一小块布料一遇到和自己一样的军服就立即贴上去，用匕首把对方刺死，然后再去寻找下一个军服，直到所有身穿敌军军服的入侵者都被杀死为止。

怎么样？这个方法很酷吧！当年这篇论文发表后在科学界引起了相当大的轰动，很多人都表示怀疑，不敢相信这种后来被称之为“干扰RNA”（RNAi）的小分子竟然能有如此奇效。但是后续研究证明这是一种普遍现象，广泛存在于植物和低等动物体内。这些较为低等的生物不但会利用干扰RNA来抵抗入侵之敌，还用它来调节其他生理过程。高等生物（比如哺乳动物）体内虽然也有RNAi，但作用要弱得多，甚至把RNAi直接注射到血液中去都不行，必须直接注射进细胞内才能起作用。

当科学家了解了其中的秘密后，立即意识到这个方法可以用来制造植物疫苗，让农作物事先具备抗虫的能力。孟山都公司是这方面的先驱，该公司已经研制成功一种转入了RNAi基因的玉米，能够特异性地杀死玉米根虫（Rootworm）。这个方法就相当于为玉米接种，具有极强的特异性。转入的RNAi基因也不生产蛋白质，因此对其他动植物不会有任何毒性。

但是，公众对于转基因技术的疑虑减缓了这种新型玉米的上市速度。为了绕开这个障碍，孟山都又打算开发出一种含有 RNAi 分子的喷剂，可以像洒农药一样直接喷在玉米植株上。问题在于 RNAi 的生产成本太高了，经济上很不划算。好在有家名叫 Beeologics 的美国公司开发出一种廉价的生产技术，使得 RNAi 技术在经济上变得可行了。于是孟山都公司在 2011 年收购了 Beeologics，双方联手研制新型生物农药，以便更加安全地对付玉米害虫。

这项技术还能保护蜜蜂呢。孟山都正在试图开发出专门对付蜜蜂寄生虫的 RNAi 产品，通过这种以毒攻毒的方式来为蜜蜂治病。

（2014.10.6）

怎样科学地见到“鬼”

有些人在某种特殊情况下会感觉身后有个“鬼”，即使理智告诉他“鬼”并不存在。科学家们搞清了这种幻觉的产生机理，并通过一个巧妙的实验，让健康人见到了“鬼”。

你是否有过“见鬼”的经历？明明知道屋子里没有人，却总感到有个“鬼”悄悄躲在你身后？据说精神分裂症以及癫痫病患者就经常有这种“见鬼”的经历，这让他们感到恐惧。登山运动员也经常会出现类似的幻觉，1933 年有位名叫弗兰克·斯密瑟的英国登山家独自一人登上了珠穆朗玛峰，快登顶的时候他产生了“见鬼”的幻觉，觉得身后一直有个“鬼”跟着自己。这种幻觉是如此的强烈，他甚至试图把自己手中的蛋糕分一半给这个不存在的“鬼”。

当然了，这个世界上没有鬼，但是这种感觉到底是怎么产生的呢？瑞士联邦理工学院的奥拉夫·布兰科（Olaf Blanke）博士及其同事们决定研究一下这个问题。他们分析了 12 名经常抱怨自己见到鬼的癫痫病人，发现他们脑部的颞顶连结（Temporoparietal Junction）、脑岛（Insular Cortex）和额顶叶皮层（Frontal-parietal Cortex）出了毛病。已知这三个部位分别负责形成自我意识（这是我自己的身体）、指导自身动作和找准自己在环境中的定位，它们当中的任何一个出了问题，患者就会分不清哪个身体部位（或者动作）是自己（做的），哪个是别人（做的）。换句话说，只要想办法干扰这三个部位的正常功能，理论上就有可能诱发出“见鬼”的幻觉。

此前已经有人做过类似的尝试。研究人员给受试者戴上特殊的眼镜，同时在受试者身后安置一台摄像机，把信号传到眼镜里，让受试者看到自己的背影，结果受试者产生了强烈的幻觉，以为自己灵魂出窍了。

为了诱发“见鬼”幻觉，布兰科和同事们设计了一个类似的装置，让蒙眼的受试者用手控制一根操纵杆，同时将信号传递到身后的一个类似的操纵杆上，这根操纵杆会做出同样的动作，敲击受试者的后背。这就好比一个人用遥控杆操纵一把电动“老头乐”，给自己的后背挠痒痒。

一开始研究人员什么也不做，受试者也没有任何异状。之后研究人员把信号延迟了500毫秒，使得受试者手中的操纵杆和后背的痒痒挠在时间上不再同步了。没想到，只是这么一个小改动就产生了惊人的效果，有1/3的受试者立刻报告说他们感觉自己身后有个鬼，尽管理智告诉他们其实没有，但这种奇妙的感觉竟然无法摆脱。其中有两名受试者甚至要求立即终止实验，因为这种感觉太诡异了，让他们感到不舒服。

布兰科博士将研究结果写成论文，发表在2014年11月

6日出版的《当代生物学》期刊上。研究者认为，这个简单的实验说明，“见鬼”这个幻觉的出现是因为大脑在处理关于自身的信号时出了问题。简单来说，控制自己手臂动作的大脑皮层本应和接收来自后背的触觉信号的大脑皮层相呼应，但延时之后大脑无法解释为什么触觉信号来得比动作信号迟，于是大脑为了自圆其说，只能假设身后另有一个人做出了挠痒痒的动作。

事实上，这就是精神分裂症患者经常犯的错误，他们常常搞混了一个动作的发起者，明明是自己打开了门，却误以为是另一个人在做这个动作。这说明他们的大脑在上述三个部位当中的至少一个出了问题，这也就是为什么精神分裂症患者常常觉得自己见到了鬼。

那么，为什么登山家也常有这种幻觉呢？研究人员认为这也是可以解释的。高山上氧气稀薄，登山者身体剧烈透支，脑部供氧不足，再加上山顶景色单调，往往只剩下黑白两色，这就导致登山者的大脑对这种极端情况极不适应，出现了差错。

（2014.11.17）

电子屏幕的危害

电子屏幕已经占领了我们的生活，是时候检讨一下这种信息载体的危害了。

早上起床前先拿过手机刷一遍微信朋友圈，上班路上用平板电脑看一集美剧，进了办公室首先打开单位的电脑，然后在格子间里一坐就是一整天，下班吃完晚饭后先看会儿电视，然后用家里的笔记本电脑和朋友聊天，顺便看看淘宝上有什么打折商品，晚上睡觉前再拿出手机刷一遍朋友圈……有多少人的一天是这么度过的？

确实，随着智能手机的流行，我们的日常生活已经离不开电子屏幕了。有越来越多的人每天都要花十个小时以上的时间盯着电子屏幕看，这些人经常抱怨自己眼睛干涩，视力变差，严重时甚至会头晕眼花，整夜失眠，医学界把这种现象称为"电脑视觉综合征"（Computer Vision Syndrome）。

但是，很少人会因此而改变自己的生活习惯，因为电子屏幕上显示出来的新知识和新刺激太吸引人了，极大地丰富了人们的日常生活，所以很多人都会觉得，电子屏幕带来的危害只是电子时代看书学习所应付出的代价，可以忍受。

那么，有没有办法既获得了新知识，又避免了身体的不适呢？那就要仔细分析一下电子屏幕都有哪些危害，以及原因是什么。首先，电子屏幕为什么会让眼睛发干呢？纽约州立大学（State University of New York）的眼科专家马克·罗森菲尔德（Mark Rosenfield）教授相信最大的原因是时间，他不认为电子屏幕本身有什么独特的地方会让眼睛干涩，造成这一结果的主要原因在于这些人每天花在看电子屏幕上的时间太长了，远比看纸质书的时间要长得多。

另外，他认为很多人没有掌握正确的阅读方法。比如，智能手机受屏幕大小的限制，字体往往都特别小，很多人看手机时脸都快贴上去了，对眼睛的刺激太强，容易导致不适。还有，人在看电脑时视线大都是平的，眼睛睁得更开，暴露在空气中的眼球表面积更大，因此也就更容易干涩。相比之下，看纸质书的时候通常都是俯视的，眼睛不必睁那么大。

其次，电子屏幕看多了为什么会导致睡眠障碍呢？这个倒是和屏幕本身的特性有些关系。原来，大脑的松果体在夜晚来临时会分泌褪黑激素，帮助我们入睡。松果体受光线的控制，如果周围环境太亮，褪黑激素的分泌就会被抑制，我们就不容易入睡了。电子屏幕会发出很多波长较短的光，比一般的室内灯光更容易刺激松果体，抑制褪黑激素的分泌，这就是为什么睡觉前刷微博不是一个好习惯。

但是，为什么有人觉得睡觉前刷会儿微博反而更容易帮助自己入睡呢？以色列伦斯勒理工学院（Rensselaer Polytechnic Institute）的玛利亚·费格罗（Mariana Figueiro）教授通过研究后发现，不同的人对光线的敏感程度不同，有的人完全不敏感，松果体照样能分泌足够多的褪黑激素，不会觉得睡觉前看会儿电脑有什么问题。

那么，如果你对光线敏感，却又一定要在睡觉前看点什么才能入睡，那就不妨试试采用电子墨技术的电子书。采用这种技术的电子屏幕不发出背光，对于眼睛的刺激较小，几乎和纸质书没有差别。曾经有人研究过人在看纸质书和电子书时自然眨眼的频率，发现两者几乎完全一样。

不过，这并不等于说纸质书和电子书产生的效果也一样。挪威斯塔万格大学（University of Stavanger）的研究人员曾经做过一个实验，对比两组志愿者看完同一本短篇小说之后对于故事内容的记忆力，结果发现纸质书明显要比电子书好。研究者认为，电子书的读者喜欢跳着读，或者先搜关键词，然后只读含有关键词的那段，这种行为和我们平时上网的习惯一样。换句话说，电子书无形中改变了我们的阅读方式，我们已经不习惯在电子屏幕上进行线性而又有深度的阅读了。

这才是电子屏幕最大的危害。

（2014.11.24）

人类的饮酒史

研究表明，人类的祖先大约在1000万年前进化出了饮酒的能力。

人类的祖先是从什么时候开始饮酒的？这可不是一个醉鬼提出来的傻问题，因为酒精（乙醇）是一种毒药，会导致肝病、癌症、心脏病，甚至精神性疾病，害处远大于好处。

既然如此，为什么人类会进化出饮酒的习惯呢？有人曾经提出过一个假说，认为人类是在9000年前才开始饮酒的，那时人类刚刚发明出农业，第一次有了多余的粮食需要储存。粮食放久了容易变质发酵，产物之一就是乙醇。如果人类不能饮酒的话，变质的粮食就没法吃了。

这个假说基于一个事实，那就是绝大部分高等生物是不能直接利用乙醇的，必须先将其分解掉。如果我们的祖先体内没有能够分解乙醇的酶的话，一旦粮食变质就只能扔掉，太浪费了。幸好人类进化出了乙醇脱氢酶（ADH4），可以把乙醇变为乙醛。这是乙醇分解的第一步，有了它，人就可以利用变质的粮食，在进化上占据先机。

大部分灵长类动物体内都有ADH4，但这是一组酶的统称，可以催化很多不同类型的反应，乙醇脱氢反应只是其中的一种。美国佛罗里达州圣塔菲学院（Santa Fe College）的生物遗传学家马修·卡里根（Matthew Carrigan）博士决定研究一下这个酶的进化过程，他和同事们收集到28种哺乳动物的ADH4基因序列，其中包括17种不同的灵长类动物，然后将这些DNA序列输入电脑，通过一套复杂的算法构建出了这个基因在过去7000万年时间里的进化过程。换句话说，科学家们推算出了ADH4基因在过去7000万年里每一时刻的基因序列都是什么样子的。

光有基因序列还不够，还要看基因产物（也就是酶）的催化能力。现有的动物还好说，只要抓来一只，从中提取出ADH4酶就行了。但是已经灭绝的古代动物怎么办呢？它们的身体早已腐烂，只剩下化石，没法做研究。

卡里根想出了一个巧妙的办法，解决了这个问题。他和同事们将电脑推算出来的各个阶段的ADH4基因序列通过转基因的方式转入细菌，让细菌生产出相应的蛋白质（酶），这样就可以研究那些早已灭绝的动物体内的ADH4了。

研究结果表明，ADH4大约在1000万年前发生了一个单点突变，也就是DNA序列中的一个字母发生了变化，这个变化大大提高了ADH4分解乙醇的能力，终于让人类的祖先获得了饮酒的本领。

研究这玩意儿除了在饭桌上增加点谈资外，有什么实际用处吗？答案是肯定的。著名的英国进化生物学家理查德·道金斯（Richard Dawkins）博士曾经说过，一个物种的基因库就是它的祖先被世世代代的自然选择刻画切削而成的。从理论上讲，如果一个知识渊博的动物学家手里有了一套完整的基因库，就应该能够重建出这个物种祖先的生存环境。举个简单的例子，如果一个物种的基因组里有一套负责编码夜视眼睛的基因，就说明这个物种的祖先一定是个夜猫子。

具体到饮酒问题，这个 ADH4 基因变异的时间节点非常关键。古人类学家普遍认为，人类的祖先大约在 1000 万年前从树上下来，开始在地面上讨生活。树上的果实掉到地上，其中的糖分发酵变成了乙醇。人类祖先之所以进化出消化乙醇的能力，就是为了能够利用这些腐烂的水果。

卡里根博士将研究结果写成论文，发表在 2014 年 12 月 1 日出版的《美国国家科学院院报》上。文章指出，人类祖先虽然进化出了分解乙醇的能力，但并没把腐烂的水果当作主要的食物来源，所以人类体内的 ADH4 效率不高，这就是为什么酒少喝一点问题不大，喝多了就会出现各种麻烦事。

（2014.12.15）

铁之战

人体和病菌争夺铁元素的战争，改写了人类的进化史。

俗话说，兵马未动，粮草先行。古代两军对垒，比的往往不是战斗力，而是谁的粮草多。

同样的思路也可以用在人身上。现代医学出现之前，人类最主要的死因是传染病，微生物（尤其是病菌）是人类最凶恶的敌人。我们的祖先能否健康地活到成年，很大程度上取决于他/她能否扛得住病菌的侵袭。人体对抗病菌的一个有效手段就是保护粮食，希望通过这个办法把病菌饿死。不过，这里所说的粮食不是葡萄糖或者蛋白质，而是铁元素。

铁是生命必需的微量元素，没有铁，很多生理过程都没办法进行。人身体里的铁元素大都藏在细胞里，病菌是吃不到的。但是铁离子需要通过血液循环系统运送到组织中去，病菌便找到了可乘之机。这就好比评书中常见的劫粮车桥段，这是病菌们获得铁元素的唯一的机会。

科学家们早就知道，人体内负责运输铁离子的“运粮车”名叫转铁蛋白（Transferrin），这种蛋白质在pH中性的环境下能够将铁离子牢牢地抓住，就好像粮食被装在袋子里一样。一旦到达指定地点，转铁蛋白就会在细胞表面受体的作用下被吞进细胞内，此时铁离子周围环境的pH值迅速降低，铁离子和转铁蛋白之间凝聚力骤然下降，铁离子被释放出来，就好像粮袋被扎破了一样。

经过多年的进化，病菌们找到了破解之法。研究发现，一些常见病菌，比如导致脑膜炎、淋病和败血症的病菌进入人体后，便会迅速合成一种“转铁蛋白结合蛋白”（Transferrin Binding Protein，简称TbpA）。顾名思义，这种蛋白质可以和转铁蛋白发生特异性结合，从对方那里把铁离子抢过来。一旦有了充足的铁，病菌就会迅速繁殖，直到把宿主杀死为止。一个人要想活命，就必须改变转铁蛋白的三维结构，使之不那么容易地被对方抓住。病菌吃不到足够的铁，就会被饿死。

当然了，病菌和人体都没有那么聪明，上述过程全都是被动地发生的，也就是说，一方发生随机突变，其中最好的突变体活了下来，把对手逼到绝境，后者再通过随机突变“进化”出应对之法。

这个大致过程科学家们早在40年前就知道了，但因为基因突变不可能被化石保留下来，双方之间每一次较量的细节都丢失了。美国犹他大学人类遗传学系教授尼尔斯·埃尔德（Nels Elde）和同事们利用最先进的基因分析法，分析了21种灵长类动物的转铁蛋白DNA序列，在电脑上绘出了转铁蛋白基因序列的进化树。之后，研究人员又用类似的方法分析几十种相应病菌的TbpA基因序列，和前者进行比较，终于搞清了转铁蛋白和TbpA这对冤家在过去4000万年里的对抗史。

埃尔德教授将研究结果写成论文，发表在2014年12月12日出版的《科学》期刊上。这篇论文详细描述了过去4000万年里TbpA基因的每一次突变，以及转铁蛋白的每一次应变，如果应变来得不够及时，人类就不存在了。基因组就像一本历史书，把这段惊心动魄的历史记录了下来，呈现在我们面前。

“人体和病菌之间的这场铁之战很大程度上决定了人类这个物种的兴亡。”这篇论文的第一作者，埃尔德实验室的博士生马修·巴博尔（Matthew Barber）对记者说，“我们之所以活到今天，与这场战役的胜负有很大的关系。”

这场战役还远未结束。据统计，如今地球上大约有1/4的人体内带有一种突变型转铁蛋白，这一突变让某些常见病菌不那么容易抢走铁离子，这就相当于增加了这些人抵抗细菌感染的能力。科学家们把这一现象称为“营养免疫”（Nutritional Immunity），这是目前一个很热门的新兴领域。如果科学家们掌握了营养免疫的秘密，就有可能发明出一种新的抗感染的方法，帮助人类抵抗病菌的侵袭。

（2015.1.5）

让电脑帮你找对象

有个网站发明了一套算法，可以帮助网友找到适合自己的对象。

1838年，达尔文28岁，脑子里刚刚有了进化论的雏形，可他却觉得应该先花点时间考虑一个更紧迫的问题：要不要先把婚结了再去搞科研？作为一名科学家，达尔文决定用科学的方法找出这个问题的答案。他在一张信纸上画了一个表格，分别列出了结婚的优缺点，缺点那栏里有一条是：结婚之后就没有时间和“聪明的绅士”们谈论有趣的话题了。优点那栏里达尔文写到：结婚可以让自己的晚年有个伴，（老婆）毕竟比狗强！

这套分析方法很符合当今这个计算机时代，美国电脑工程师拉希德·阿米尼（Rashied Amini）整天干的就是这类事情。他是美国航空航天局（NASA）的一名工程师，负责在月球上建立永久空间站。两年前他女朋友和他分手了，他苦苦相求，希望两人重归于好，结果他女友拿出了达尔文当年用过的招数，要求他把和好与分手的优缺点都列出来。当时阿米尼认为女友是在开玩笑，可事后他仔细一想，觉得这个办法太像自己的工作了。他每天所做的就是用电脑比较各种方法的优缺点，试图找出登月的最佳方案。于是他灵机一动，决定把这套思路用到找女友上面来。

“找老婆总比登月容易多了吧？！”他想。

几个月前，阿米尼辞掉工作，开了一家名叫 Nanaya 的网站，帮助网友找对象。他所采用的方法和月球空间站设计所用的方法如出一辙，也就是通过比较各种选择的优缺点，推算出网友的桃花运。如果是一名单身的网友，系统会要求他回答一系列事先设计好的问题，比如你喜欢和陌生人聊天吗？你自认为是个幸运的人吗？等等，根据答案推算出这位网友的性格。然后计算机会模拟一个类似性格的人的日常生活，通过一套复杂的算法推算出他会在什么场合下遇到合适的对象，概率有多大。如果网友正在谈恋爱，系统也会先通过问卷的形式推算出两人的性格，然后用另一套算法算出两人是否合适。

阿米尼计划在 2015 年 2 月底先推出一个测试版，然后边试边改。就在这个节骨眼上，《美国国家科学院院报》发表了一篇论文，证明计算机比朋友更能准确地判断出一个人的性格。这篇论文的作者分别来自美国斯坦福大学和英国牛津大学，他们分析了七万多名“脸书”用户点赞的内容，用一套算法描绘出了用户的性格特征，再和这些用户的朋友们（包括同事、朋友和家庭成员）对他性格的描述做对比，发现计算机在很多方面都胜过了真人。

这个结果无疑给阿米尼增添了信心，也许计算机真的比亲戚和朋友更了解一个人的需求？

为了测试这套系统的可靠性，阿米尼亲自面试了一批志愿者，先让他们在网站上按照程序走一遍，然后再和真人做比较，结果发现一个大活人的感情生活在某些方面远比登月计划复杂多了！美国罗切斯特大学的一名心理学家在评价这个结果时说，人与人之间的性吸引是很难预测的，除非先让两人见面并相处一段时间，才能做出准确的判断。

不过，阿米尼仍然坚信他发明的这套系统是有价值的。"我希望用户能抱着开放的心态看待我们这套程序，当然我也不希望用户们过于相信机器的结论。"阿米尼说，"我认为我这套系统起码能够帮助用户反省一下自己的生活，好好想想自己究竟需要什么。"

至于达尔文，他最终选择了和自己的表妹艾玛结婚，两人在一起生活了 43 年，一共生育了十个孩子，有七人活到了成年。后人发现，达尔文在那张写满了优缺点的纸的背面激动地写道："上帝啊，我真不敢想象我会像一只被阉割的蜜蜂那样，在肮脏不堪的伦敦度过孤独的一生……结婚！结婚！结婚！"

看来，在经过一番理性思考之后，达尔文最终还是决定听从自己内心的召唤。

（2015.2.23）